DIANSHILU GANGWEI ANQUAN CAOZUO SHOUCE

电石炉岗位安全
操作手册

中国电石工业协会
新疆中泰矿冶有限公司 组织编写

冯召海　主编

化学工业出版社

·北京·

本手册根据当前电石生产实践，较为全面地阐述了电石生产各岗位安全操作要点以及主要设备的操作规程，同时列举了PLC控制技术在电石生产辅助设施上应用的实例。

　　本手册将生产操作各个环节按照开车到停车的生产过程进行了分解，各环节的安全操作要点也依次分别阐述，可供电石行业的生产管理人员编写本企业操作规程时参考，也可作为电石生产操作人员的培训资料。

图书在版编目（CIP）数据

电石炉岗位安全操作手册/中国电石工业协会，新疆中泰矿冶有限公司组织编写；冯召海主编.—北京：化学工业出版社，2020.4

ISBN 978-7-122-36162-2

Ⅰ.①电… Ⅱ.①中… ②新… ③冯… Ⅲ.①碳化钙-安全生产-手册 Ⅳ.①TQ161-62

中国版本图书馆 CIP 数据核字（2020）第 023433 号

责任编辑：傅聪智　　　　　　　　　　装帧设计：王晓宇
责任校对：刘曦阳

出版发行：化学工业出版社（北京市东城区青年湖南街13号　邮政编码100011）
印　　装：大厂聚鑫印刷有限责任公司
850mm×1168mm　1/32　印张6¾　字数158千字
2020年4月北京第1版第1次印刷

购书咨询：010-64518888　　　　售后服务：010-64518899
网　　址：http://www.cip.com.cn
凡购买本书，如有缺损质量问题，本社销售中心负责调换。

定　　价：38.00元　　　　　　　　　版权所有　违者必究

《电石炉岗位安全操作手册》
编写人员名单

主　　编　冯召海

编写人员　马部雄　蒋银龙　马　亮　李永红

　　　　　　赵良涛　张万鹏　李金龙　韩春虎

　　　　　　梁　军　何小艳　邓富勤　王志全

　　　　　　范晓杰

审　　核　王志国　栾会东

审　　定　江　军

电石行业迈入大型化、密闭化时代
——遵守安全法规确保电石生产安全
（代序）

　　电石工业诞生的 80 多年历史里，国内先后从苏联、挪威、日本、德国等国家引进了多种不同炉型、不同规模的电石炉及其配套装备。在消化吸收引进技术方面，国内企业付出了高昂的"学费"。很多引进装置"水土不服"，无法满足国内原材料和生产工艺要求。直到 2000 年以后，通过对挪威埃肯炉的不断改进和完善，国内企业才突破了密闭电石生产工艺的瓶颈，开发出适合中国原材料特色的国产大型密闭炉及其配套装备。之后，大型化和密闭化就成为电石炉的发展方向。密闭化能够有效减少因粉尘和尾气排放造成的环境污染，同时能够对电石炉气进行回收和高效利用。大型化能够减少电石炉占地面积，降低单位产能投资，提高单台炉产出，保障生产效率。之前，受引进埃肯炉设计理念的影响，国内单台电石炉的设计容量一直局限在 25000 千伏安至 33000 千伏安之间，直到 2009 年国内首台套 40500 千伏安密闭式电石炉在新疆天业（集团）有限公司（新疆天业）问世，标志着电石炉正式步入大型化和密闭化发展阶段。

一、40500 千伏安密闭炉已成为行业主流装备

　　40500 千伏安密闭炉由新疆天业和大连华锐重工集团股份有限公司（大连重工）联合开发，新疆天业负责参数研究及装备优化，大连重工负责设计与制造。项目自 2008 年 1 月起实施，历经 17 个月的设计、研发、建设，于 2009 年 5 月建成 2 套 40500 千伏安密闭式电石炉工业示范装置。装置投产后，运行稳定可靠，各项技术指标均达到设计要求，综合能耗、电炉电耗等主要消耗指标处于国内领先水平。该项目通过电石炉密封结构优化技术、含氧量控制技术、组合式电极设计放大技术和独特的热管复合式降温技术的集成应用，使电石炉吨产品电耗降低超过 50 千瓦时，炉气氧含量从 2％下降至 0.2％，提高了电石炉的运行安全性；解决了困扰电石行业的炉气降温及换热面积灰难题，使电石炉尾气净化装置的连续开车时间从 1 个月提高到 6 个月以上；优化设计了电极的结构，采用环行排列母线管结构、加长的接触元件和加强的组合式压放机构，有效提高了电极的机械强度和载流能力；相对于 25500 千伏安密闭炉，新装置产能提升 50％，单位电耗降低 4％，综合能耗降低 20％以上，经济效益显著。

40500 千伏安密闭炉具有以下几个方面的优势。

一是项目建设投资省。新建电石项目的总投资主要取决于电石炉以及石灰窑、炭材烘干、出炉系统、循环水系统、厂房结构、公用工程等。相同产能规模的电石项目，由于配套设施不同，总投资往往差异较大。一般来讲，变压器容量越大，单台炉投资越多；采用迈尔兹窑比采用其他石灰窑投资多；立式兰炭烘干机比其他烘干机投资多；闭式冷却水循环系统比敞开式冷却水循环系统投资多；钢结构厂房比混凝土结构厂房投资多；自动出炉机比人工出炉和机械出炉机投资多。据中国电石工业协会（以下简称电石协会）不完全统计，单台炉（配套气烧石灰窑、炭材烘干及辅助生产系统）每万吨产能投资额分别是：27000 千伏安密闭炉最低为 1111 万元，33000 千伏安密闭炉最低为 1263 万元，40500 千伏安密闭炉最低为 823 万元，81000 千伏安密闭炉最低为 2646 万元。可见，40500 千伏安密闭炉在节省投资方面具有很大优势。

二是用工人数较少。密闭炉生产系统的操作方法和流程基本相同，用工人数主要取决于采用何种出炉装置。据调查统计，人工出炉每台炉每个班组需要一二十人，机械出炉每个班组比人工出炉少 3～5 人，自动出炉机用工最少，每个班组只需要 2～3

人。实践证明，用工数量与电石炉大小并不成正比，这意味着炉型越大，单位产能用工人数就越少。据电石协会不完全统计，每万吨产能用工人数 27000 千伏安密闭炉为 7.2 人，33000 千伏安密闭炉为 6.6 人，40500 千伏安密闭炉为 5.5 人。当前，使用自动出炉机替代人工出炉已成为必然，考虑到单台炉的改造费用相差不大，因此炉型越大，单位产能的改造费用就越少，大型炉改造的经济性明显优于小型炉。

三是产能利用率高。 产能利用率＝实际年产量/产能×100%，是衡量电石炉运行稳定性的重要指标。40500 千伏安密闭炉在业内已经推广应用多年，积累了大量的生产运行和管理经验，因此运行稳定，利用率高。据电石协会统计，90% 以上的40500 千伏安密闭炉产能利用率高于 98%，部分电石炉甚至超过了 100%，比如内蒙古某企业的电石日产量平均达到 260～280 吨。

四是资源能源消耗低。 单位电石产品的电炉电耗、综合能耗及石灰、炭材、电极糊等消耗指标主要取决于炉况控制、原料质量、管理水平等因素。据电石协会不完全统计，40500 千伏安以下的密闭炉吨电石（折标，下同）电炉电耗多在 3200 千瓦时左右，综合能耗在 0.9～1.0 吨标准煤之间；40500 千伏安密闭炉吨电石电耗大多在 3100 千瓦时左右，综合能耗在 0.9 吨标准煤左右；40500 千伏安以上的密闭炉吨电石电耗大多在 3100～3300千瓦时之间，综合能耗大多为 0.9～1.0 吨标准煤，而且其动力电耗明显高于 40500 千伏安密闭炉。最近几年，行业能效领跑者企业的吨电石电炉电耗和综合能耗最低值（最先进值）分别为3049 千瓦时和 778 千克标准煤，均来自 40500 千伏安密闭炉。

因此，相对于其他密闭炉，40500 千伏安密闭炉单位产能投资少，装置运行稳定，产能利用率高，电炉电耗、综合能耗处于行业领先水平。其诞生后，很快就受到全行业的高度关注和普遍认可。《电石行业准入条件》（2014 年修订）出台后，新建电石项目大多选择该炉型。截至 2018 年底，国内共有各种类型电石炉 700 台，其中密闭炉 559 台。数量最多的密闭炉就是 40500 千伏安密闭炉，为 157 台，占密闭炉总台数的 28％，占电石炉总台数的 22.4％；由该炉型生产的电石约占国内电石总产量的 40％。可以说，40500 千伏安密闭炉在推动电石生产节能降耗、污染减排和资源节约，提升行业绿色可持续健康发展能力等方面发挥了不可替代的作用。

二、40500 千伏安以上的大型密闭炉的工艺装备不断完善

目前，国内已经建成的单台炉容量在 40500 千伏安以上的密闭炉型主要有：42000 千伏安 12 台、48000 千伏安 10 台、54000 千伏安 4 台、63000 千伏安 2 台、81000 千伏安 10 台以及 195000 千伏安 5 台。42000 千伏安及 48000 千伏安的密闭式电石炉均由大连重工设计制造，当前该炉型运行平稳，产量稳定，但单位产能投资和生产效率不及 40500 千伏安密闭炉；54000 千伏安的密闭式电石炉目前生产运行效果一般，单台产量每天 240 吨左右；63000 千伏安的密闭式电石炉，年产 10 万吨，日产 303 吨，基本实现了稳定运行；81000 千伏安的密闭式电石炉是引进德国西马克技术，由内蒙古君正和国电英力特出资建设，于 2012 年 9 月投产，目前生产稳定，产量 350 吨/日；195000 千伏安的密闭炉由加拿大赫氏公司与青海盐湖集团联合建设，此电石炉已于 2015 年建成，但技术尚未完全成熟，运行不稳定，没有实现连续生产。

三、电石炉气回收利用取得突破性进展

密闭式电石炉炉气的回收利用是电石工业最为重要的节能和资源综合利用措施。经过全行业的不断探索和技术攻关，电石炉气不仅可以作为燃料用于煅烧石灰、生产蒸汽、发电、烘干兰炭等，也能够生产多种化工产品。新疆天业电石炉气制乙二醇项目、宁夏大地电石炉气制合成氨项目、茂县新纪元电石炉气制二甲醚项目均建成投产多年，装置运行稳定，产品性能优异，经济效益良好。目前，利用炉气生产化工产品的电石产能已占密闭式

电石炉总产能的 11％。

四、行业淘汰落后工作顺利推进

"十一五"和"十二五"期间，一些工艺、能耗、环保达不到要求的小电石炉被陆续关停，也有一些企业因为市场低迷、严重亏损而选择主动退出市场。据工信部网站统计，2006 年到 2014 年，电石行业累计淘汰落后装置 504 台，产能合计 957.2 万吨，超额完成了国家提出的"十一五"和"十二五"淘汰落后产能目标任务。另据电石协会不完全统计，2015～2018 年，又有约 800 万吨电石产能淘汰、退出。目前，内燃式电石炉产能仍有约 600 万吨，将于 2020 年底前全部完成淘汰。届时内燃式电石炉将正式退出历史舞台，电石装置将彻底实现密闭化。

为推动落后电石产能退出，各地方对落后电石产能情况进行了全面调查，在市场准入、财政资金扶持、节能验收、环保评价、安全生产评价、供地等方面建立了有效的引导机制和倒逼机制。比如，山西省政府出台了《淘汰落后产能专项补偿资金管理办法》，公布了淘汰企业名单，接受媒体和社会监督。《办法》明确了淘汰落后产能的主体为各市人民政府，并与各市签订了《关停和淘汰落后生产能力责任书》，省政府每年拿出 6 亿元对淘汰落后产能企业实行经济补偿，并逐户进行督查，对屡查屡犯造成严重污染的企业，依法实施关停，并进行现场爆破。

五、自动出炉机等自动化装备的开发与应用，彻底颠覆了电石生产方式

机械化、自动化程度低一度是制约我国电石工业发展的瓶颈。在自动出炉机和捣炉机面世前，电石出炉和处理料面两个工序需要大量人力才能完成。这两个工序高温、高辐射、高粉尘、生产环境恶劣、劳动强度高、安全隐患大，采用人工出炉方式影响操作工的人身健康，一旦发生喷料等生产事故，就会造成大量人员伤亡。行业以往发生的造成重大人员伤亡的生产事故，大多集中在这两个工序。当前，安全生产已经超过能耗、环保、质

量，成为政府监管工作中最为重要的一环。一旦发生人员伤亡事故，企业轻则停产整顿，重则直接吊销安全生产许可证，同时也会给全行业带来巨大的监管压力。为此，电石全行业深入开展"机械化换人、自动化减人"科技强安专项行动，集中力量突破了自动出炉机、捣炉机、电石锅搬运等机械化和自动化装备的技术瓶颈，实现了大范围推广应用，扭转了重大事故频发的不利局面，充分体现了以人为本的发展理念。

（一）国产自动化自动出炉机系统

在 2010 年 10 月对日本电气化学株式会社自动化出炉机考察后，国内有不少企业有意向引进这套技术装备，但是历经多次谈判，都由于价格过于高昂和附加条件过于苛刻而作罢。事实证明，关键技术和核心装备必须走自主创新之路。在电石协会的大力推动下，经过不断的努力与尝试，国内首台（套）自动出炉机终于在 2015 年研发成功并实现工业化应用。

这台划时代的自动出炉机由新疆中泰矿冶有限公司（中泰矿冶）、哈尔滨博实自动化股份有限公司（哈博实）联合研发。其间，中泰矿冶同哈博实等单位进行了多次技术论证，在反复试验的基础上，设计出这套操作简单、便于维护、功能齐全且超过国外先进水平的拥有自主知识产权的自动出炉机（当时称机械手）。2014 年，第一台试验原型机安装在中泰矿冶 20 号电石炉开始试验，结果出现了无法自动连接烧穿器、定位不精确、带钎力度不够、工具材质不符合要求、操作过于烦琐等诸多难题。但是，在全行业的高度期望下，两家企业并没有轻言放弃。历经几十个设计方案，上百次技术研讨，上千处反复改进，这些难题逐步得到解决。2015 年底，第二台出炉机原型运抵新疆，在其灵巧娴熟的操作下，第一锅自动化出炉的电石产品诞生了，开启了电石机械化、自动化生产的新篇章。中泰矿冶冯召海董事长表示："从最初的一个念头，到设计研发，到最后的现场调试，一路走来，虽然跌跌撞撞，但我没有想过放弃。"研发出国内第一台工业化应用的自动出炉机，圆了几代电石人的梦想，开启了电石生产方式的新篇章，标志着电石工业进入了机械化、自动化发展新阶段。自动出炉机的成功应用，带来的不仅是安全保障能力的增强，还有经济效益的提高。采用自动出炉机后，由于作业效率的提升，炉况控制更加平稳，产量、单耗也全面优于人工出炉，中泰矿冶 2018 年 40500 千伏安电石炉产量较 2017 年平均提升15%，直接降低生产成本 3600 余万元。

值得骄傲的还有行业第一次实现了女工操作出炉，而这在过去是难以想象的。作为劳动密集型的出炉工序，过去操作工人都是男工，女工仅能从事为数不多的配电、行车等岗位，员工队伍男女比例极不协调。而自动出炉机的出现，彻底颠覆了男性从事出炉作业的传统，让女员工也能轻松自如地驾驭电石炉。之后，电石行业又陆续涌现出一批拥有自主知识产权的自动出炉机和捣炉机等。

据电石协会统计，采用自动出炉机的企业 20 家，其中内蒙古君正、中泰矿冶、包头海平面、安徽华塑、鄂尔多斯集团等 5家企业已为全部电石炉配备自动出炉机，大量的企业都在开始采用自动出炉机。目前，国产自动出炉机的操控性、稳定性、人机交互特性等已处于世界领先水平，其大范围应用将工人从高温、高辐射、高劳动强度的生产环境中解脱出来，同时，降低了消耗、提高了产量，实现了安全和效益的双丰收。

（二）自动化电石锅搬运系统

由浙江嵘润机械有限公司研发制造的自动化电石锅搬运系统先后于 2014 年和 2016 年在盐湖海纳化工有限公司和中石化长城能源化工（宁夏）有限公司投入运行。该系统拥有 6 项发明专利，建成以来，运行稳定，优势在于缩短了电石出炉和输送至存储库的时间，减少了产品输送环节的员工数量，提高了电石企业整体生产效率，同时也能够减少 3% 的电石风化率，降低生产成本。但是由于系统整体投资较大，也缺乏相应扶持政策，该系统在电石行业推广较为缓慢。

六、配套技术不断完善，节能环保水平迈上新台阶

行业节能环保水平的提升主要得益于大型密闭式电石炉以及气烧石灰窑、炭材烘干、循环水利用等节能环保型配套装备的推广应用。

（一）炭材烘干

经过河南德耀等企业多年以来的不断摸索和试验，行业诞生出一批能耗水平和产品质量先进的炭材烘干设备，形成了"百花齐放、百家争鸣"的竞争格局，为电石企业提供了多种选择途径。第一台竖式烘干窑在宁夏英力特电石厂的成功投产，也标志着炭材烘干领域进入到一个全新的发展时代。其拥有破损率低、设备投资低、操作简单、热耗低、余热利用技术成熟等显著特点，已经得到广大用户认可，在全行业超过 23 家大中企业应用，超过 50 台（套）装置投入生产，部分装置实现了石灰窑尾气、烟气余热综合利用，为降低生产成本提供了有力帮助。

（二）石灰窑

20 世纪 80 年代末，我国相继引进了多套氧化钙煅烧设备。首钢和太化从德国贝肯巴赫公司引进环形套筒窑；广钢和昆钢从瑞士迈尔兹公司引进双膛窑；带预热器回转窑来源于德国和美国两种类型技术。当时引进了技术资料和核心装备两个主要部分。初次进入我国的这些装备，不适应生产工况条件，技术所有者对自己的产品也没有完全掌握，虽然能生产出高品质产品，但连续运行都出现问题：环形套筒窑拱桥经常坍塌；双膛窑工作环境差，通道容易堵塞；回转窑结圈影响生产连续性。直到 2005 年，江苏中圣园等公司改变了环形套筒窑燃烧工艺，找到影响拱桥坍塌的原因，才彻底保证环形套筒窑连续运行；同年张家港韩国元进双膛窑投产，改变了设备故障多、操作环境差的局面；带预热器回转窑和双梁窑运行也基本稳定。

电石行业在 2010 年左右开始使用新型氧化钙煅烧装备。之后，为了满足电石生产需要，行业开发了很多创新技术，如无焰

燃烧、过程脱硫、多级燃烧、还原燃烧、气固混合燃料燃烧、循环利用等，实现了煅烧工艺的绿色化，行业的石灰石煅烧也逐步从技术装备引进型变成输出型。目前，气烧石灰窑是电石行业最重要的炉气利用方式，占密闭式电石炉气利用的 87%。当前，我国电石企业配套的石灰窑窑型基本有四大类，分别为双梁窑、套筒窑、回转窑、双膛窑。据不完全统计，电石企业现配套上述四种石灰窑合计 264 台（套），其中双梁窑占 38.4%，套筒窑占 31.3%，回转窑占 14.5%，双膛窑占 15.8%。四类窑型在燃料选择、原料适用范围、单位热耗、耐材寿命、产品活性度等方面各有优缺点，各企业根据自身工艺装备和原材料特点，合理选择了不同的窑型，并取得了不错的生产成绩。当前，《电石工业污染物排放》标准出台在即，电石企业和石灰窑制造企业共同发力，在开发低氮燃烧技术、降低尾气流量、加强余热利用、实现生产过程精细化控制等方面开展了大量工作，对石灰窑大气污染物（NO_x、SO_2）减排工作给予了重要支撑。

（三）净化灰气力输送与焚烧

电石在生产的过程中，生产 1 吨电石约产生 400 立方米电石尾气，温度约在 600～1200℃。电石炉尾气经过多级降温除尘后收集的固体粉尘俗称净化灰。电石行业对净化灰一般的处理方式为用车外运后填埋，在卸灰、运输及倾倒时，粉尘极易飞扬，造成大气污染。据统计，每年净化灰的产量约占电石产量的 5%～7%，如年产 100 万吨的电石企业，每年排放 5 万～7 万吨净化灰，每天排放将近 200 吨。如何有效处置净化灰，杜绝安全隐患，同时达到环保要求，一直是电石行业的难题。电石协会一直关心这个行业老大难问题，在协会推动下，净化灰气力输送与焚烧技术由山东煜龙环保和新疆中泰矿冶于 2013 年开始共同研发，2015 年正式工业化应用。该技术后来分别推广应用到新疆中泰集团内部子企业、山东信发集团、新疆天业等 20 家公司。该技术充分利用净化灰易燃的特性，经过焚烧后变得极易处理且基本不会造成二次扬尘污染，其成功应用对电石工业而言绝对是一次环保革命。

（四）循环水高效利用

电石生产过程采用循环水对电石炉进行冷却，耗水量主要集中在循环水系统。据统计，每吨电石耗水量1~2吨，废水排放量约0.3吨。虽然相比其他化工行业电石单位产品的耗水量和废水排放量很少，但是电石产能集中在西北地区，当地不仅水资源短缺，且生态环境脆弱。因此，行业一直高度重视水资源的高效利用和废水的治理减排。比如，为实现电石生产过程水的"零排放"，信发集团电石厂在废水治理上大胆尝试，一是充分利用污水处理设施，将厂区的生活用水及下水道污水经过多级处理后排放至万吨鱼塘内养鱼或作为公司绿化、地面洒水、公司料场雾炮喷雾等使用，二是将循环水软水制备过程排放的浓盐水，经过加工处理后全部输送至集团的烧碱厂作为化盐用水，真正实现了电石生产过程的水资源全利用。目前，行业正在大力推广冷却水闭式循环系统，相对于开放式循环系统，该系统的冷却水蒸发量和废水排放量较少，水资源利用效率高。大范围推广应用后，将进一步降低水资源对于行业发展的制约。

（五）电石渣还原氧化钙（石灰）

国内电石产量的80%左右用于生产聚氯乙烯，2018年我国电石渣（干基，下同）产生量约为3400万吨。由于总量太大，无论是露天堆放，还是采取掩埋的方式进行处理，都会对环境造成严重污染。以往，电石渣回收主要用于建材行业，例如利用电石渣制水泥、铺路、制砖等，或是利用电石渣作为脱硫剂用于烟气治理，或运用化工手段制备高纯度$CaCO_3$、纯碱、$CaCl_2$等。但是，由于产品产能过剩和销售半径以及当地消费总量等方面限制，这些方式并不能从根本上解决巨量电石渣的回收利用问题。为了保护环境、变废为宝，再加上石灰石矿山的限采，导致优质石灰石紧缺，近年来电石-氯碱行业联手对电石渣回收制备电石用原料石灰工艺进行了研究和攻关。

电石渣还原制备氧化钙再用于生产电石，一方面可以摆脱电石生产对石灰资源的依赖，另一方面可以实现石灰的循环利用，符合绿色发展理念，是最具经济价值和社会价值的利用手段。目前，亿利洁能等企业已建成工业化的电石渣还原制备氧化钙装置，还原后的氧化钙含量大于 90%，与煅烧石灰混合后能够直接用于生产电石，混合比例 10%。虽然利用比例还比较低，距离大规模产业化也有一段距离，但是该利用方式已经为电石-氯碱行业解决电石渣大量堆积的问题指明了方向。

随着大型密闭炉及其先进配套装备的推广应用，全行业能耗水平和污染物排放水平持续提升，单位电石产品电炉电耗、综合能耗以及二氧化硫、氮氧化物等主要污染物排放量均出现了不同程度的下降。目前，行业电炉电耗平均值基本在 3200 千瓦时以内，平均综合能耗也能控制在 1 吨标准煤以内。

七、加强产能总量控制，有效遏制了无序扩张

2008 年至 2015 年，电石行业一直处于高速扩张期，每年都有数百万吨新产能建成投产。行业扩张过快带来了产能过剩、无序竞争等一系列问题和矛盾。近年来，全行业积极贯彻落实《电石行业准入条件》（2014 年修订）"新增电石生产能力必须实行等量或减量置换，且被置换产能须在新产能建成前予以拆除"的要求，加强电石产能总量控制。加上行业自身发展周期和安全环保监管压力加大等因素影响，电石行业产能扩张速度逐步回落，企业投资趋于理性。据不完全统计，2018 年国内新增电石产能只有约 15 万吨，是近十几年来最少的，而退出电石产能为 65 万吨，2018 年底电石总产能 4100 万吨，比 2017 年净减少 50 万吨，连续两年负增长。扣除掉 680 万吨长期处于停产的无效产能，国内实际电石产能只有 3420 万吨，实际开工率已超过80%，电石行业重回理性发展轨道。随着产能见顶和产量稳定增长，困扰行业多年的过剩矛盾已大为缓解，产业集中度也有明显的提升。2018 年产能超过 100 万吨的电石企业增至 4 家，超过 60 万吨的企业增至 22 家。

八、安全环保水平提升

为引导行业绿色化发展，提升行业安全环保和生产管理水平，针对当前电石企业安全事故频发、安全环保监管压力空前加剧等问题，行业加强了安全环保标准体系建设。通过向中国石油和化学工业联合会和化工标准委员会申报，电石协会立项了《电石用氧化钙》《电石用兰炭》《电石装置检修安全规程》等13项团体标准。截至2019年7月，已完成其中6项标准的编制工作。

从2009年中国电石工业协会大力推广大型密闭式电石炉到现在的十年，是行业化解产能过剩矛盾、提高技术装备水平、增强自动化智能化能力、节约能耗和减少排放等方面取得了丰硕成果的十年，也是电石行业转变发展方式，推进绿色高质量发展的重要十年，这十年为我国由电石大国迈入电石强国奠定了坚实基础。

展望未来，全行业将深入贯彻落实党的十九大会议精神，牢牢把握绿色高质量发展战略主线，以降低消耗、减少排放、保障安全、提高效益为方向，加快淘汰落后产能、开拓新的应用领域，化解产能过剩矛盾；加快突破一批关键节能环保技术，提高能源利用效率和污染物治理水平；加快推广应用自动化出炉成套设备，提升智能化水平，改善操作环境，实现本质安全；加快管理创新和成本控制，改善经济运行质量，为全力构建"绿色、安全、高效、可持续"的新型电石工业体系而努力奋斗。

电石行业虽然取得了巨大的成就，但安全事故仍时有发生，分析其原因，一是无章可循，二是有章不循，三是习惯性违章操作。为了帮助企业搞好安全生产，做到有章可循，提高员工安全生产理论水平和专业素质，中国电石工业协会委托新疆中泰矿冶有限公司根据行业的变化情况，对协会副理事长吴清学同志主编的《内燃式电石炉岗位安全操作手册》进行修编，编写成《电石炉岗位安全操作手册》。协会副理事长冯召海同志组织中泰矿冶公司的技术骨干经过半年多辛勤劳动，终于于今年8月份完成了《电石炉岗位安全操作手册》编写工作。此书实用性非常强，可以作为电石企业员工生产岗位培训教材，希望此书能为各企业的安全生产工作带来帮助。生产必须安全，安全规章必须遵循。

非常感谢新疆中泰矿冶有限公司各位参与《电石炉岗位安全操作手册》编写工作的同志们！

孙伟善

中国石油和化学工业联合会副会长

中国电石工业协会副理事长

2019 年 10 月于北京

前　　言

　　当前，世界范围内的能源需求旺盛，国际油价一直居高不下，持续拉动氯乙烯价格上涨，为电石法生产聚氯乙烯带来了良好的机遇。国内电石工业经历80多年的发展后，通过对挪威埃肯炉的不断改进和完善，突破了密闭电石生产工艺的瓶颈，开发出适合中国原材料特色的国产大型密闭炉及其配套装备。

　　随着净化灰焚烧、焦粉制球、石灰粉制球、炉气综合利用等技术的研发与投用，电石工业实现了能源二次利用，大大减少了电石炉生产对环境的污染，为电石炉生产迈向绿色、环保产业的道路打下坚实的基础；而智能出炉机器人、料面处理机器人、远程智能行车等自动化技术在电石行业的投用，有效降低了员工的劳动强度，减少了员工高危作业频次，使生产系统的安全性与平稳性得到了大幅度的提高。在当前科技日新月异的大环境下，电石工业将会迎来新一轮的技术、装备变革！

　　面对生产装备技术水平的不断提高，"专、精、尖"人才还是比较缺乏，电石行业事故时有发生，阻碍行业的安全发展之路，培养更多精通电石工艺及安全操作技术的员工成为企业迫切的需要。为了行业同仁做好安全生产，做到有章可循，提高员工安全生产理论水平和专业素质，中国电石工业协会委托新疆中泰矿冶有限公司根据行业的变化情况，对协会副理事长吴清学同志主编的《内燃式电石炉岗位安全操作手册》（2010年出版）进行修编。在新疆中泰矿冶有限公司董事长冯召海的主持下，新疆中泰矿冶有限公司组织安全、环保、生产技术、设备技术人员依据近几年来安全环保、技术创新、节能降耗、现场管理等电石安全生产管理实践认真修编，并将原作更名为《电石炉岗位安全操作手册》。本书是新疆中泰矿冶有限公司集体智慧的结晶，值得行业同仁学习与借鉴，也是一线员工不可多得的培训教材。

编　者
2020 年 1 月

目　　录

第1章 原料制备工序岗位安全操作

1.1 原材料入库管理概述

原材料入库管理是指为满足电石生产所需，制定石灰石、焦炭、兰炭、电极糊等材料采购预算，依据预算购进后，由货运车辆载入原材料待检区进行过磅、检验分析、入库、卸车、扣减、退货的过程管控。

1.1.1 原材料入库管理各岗位职责

原材料入库管理涉及门卫、司磅员、质量检验员、料场人员、调度、物流等岗位。

(1) 门卫要坚守岗位，值班、执勤不迟到、不早退、不脱岗、不看书报、不玩手机和电脑、不闲聊，对出厂物资要认真核对出厂凭据，查收物资管理部门的出厂证明，对进出大门的车辆要认真检查，密封货车开箱检查。

(2) 司磅员负责对购进、出厂原料产品物资严格执行过磅、复磅制度，以事实为依据，及时对单据保存。维护地磅计量器具，保证过磅数据的准确性和科学性。严禁与司机或其他人员篡改数据。

(3) 质量检验员负责公司入厂原材料、中间产品、出厂产品、安全、环保、职业卫生检测工作的全面实施及落实监督工作。

(4) 料场人员负责入厂原材料的外观验收工作，严格监督入厂原材料质量。

（5）调度负责根据现场库存情况做好原料供应及产品销售的协调工作。

1.1.2 入库流程简述

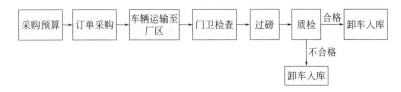

1.1.3 原材料指标

原材料指标见表1-1。

表1-1 原材料指标

原料名称	产品执行标准	检验项目	技术要求	检验依据
焦炭	Q/ZTJ 06.02—2011	全水分含量/% ≤	夏季：9.0 冬季：12.0	GB/T 2001—2013
		灰分/% ≤	13	
		挥发分/% ≤	4	
		固定碳/% ≥	83	
		磷/% ≤	0.008	SN/T 1083.2—2002
		粒度（20～70mm）/% ≥	90	Q/ZTJ 06.02—2011
兰炭	Q/ZTJ 06.02—2011	全水分含量/% ≤	夏季：12.0 冬季：14.0	GB/T 2001—2013
		灰分/% ≤	13	
		挥发分/% ≤	8	
		固定碳/% ≥	83	
		磷/% ≤	0.02	SN/T 1083.2—2002
		粒度（15～50mm）/% ≥	88	Q/ZTJ 06.02—2011

续表

原料名称	产品执行标准	检验项目	技术要求	检验依据
石灰石	Q/ZTJ 0603.4—2014	CaO 的质量分数/% ≥	53.0	GB/T 15057.2—1994 或荧光光谱法
		MgO 的质量分数/% ≤	1.0	GB/T 15057.2—1994 或荧光光谱法
		磷（P）的质量分数/% ≤	0.010	GB/T 15057.9—1994 或荧光光谱法
		三氧化二物（R_2O_3）的质量分数/% ≤	1.0	GB/T 15057.4—1994 或荧光光谱法
		盐酸不溶物的质量分数/%≤	2.5	GB/T 15057.3—1994 或荧光光谱法
		硫（S）的质量分数/% ≤	0.1	GB/T 15057.8—1994 或荧光光谱法
		粒度（40～80mm）/% ≥	90	GB/T 15057.11—1994

1.2　原料制备工序概述

原料制备工序主要处理生产电石的石灰和碳素原料，使之满足电石炉冶炼的要求。首先将石灰进行择选、筛分，使之达到工艺要求的粒度；然后将外购的碳素原料检验分析分类，进行烘干，使之水分达到使用要求；再将石灰和碳素原料输送至各自的贮存仓。

原料制备工序设置了 3 个岗位，分别是石灰窑岗位、烘干岗位、上料岗位。

石灰窑岗位主要是将采购的石灰石煅烧，反应成石灰，筛分后送入筛分楼。

烘干岗位是碳素原料在干燥设备中进行脱水，筛分后送入筛分楼。

上料岗位把合格的石灰送至电石炉工序石灰储料仓，并将焦炭或使用的各类碳素原料送至电石炉工序的炭材储料仓。

1.3 工艺流程简述

外购碳素原料经检验分析合格，分别倒入堆场，经过斗式提升机输送烘干窑进行烘干。

外购石灰石原料经过地坑振动给料机、大倾角皮带、重型卸料车送至各个窑的窑前料仓，经振动筛筛分后，合格原料进入过渡料仓称量，物料进入上料小车。上料小车由料车卷扬机提升至窑顶卸料，石灰石物料经过窑顶振动给料机、可逆皮带、旋转漏斗、窑顶进料阀分别进入双膛竖窑的炉膛内煅烧，生产的石灰由窑下两条出灰平皮带运送至筛分楼进行筛分。

用来自沸腾炉的热风（或电炉烟气）将碳素原料水分烘干到1‰以下后，经出料口皮带输送机送去筛分，通过振动筛筛分后，合格粒度的碳素原料用皮带机送入碳素原料仓贮存，用皮带机输送到电炉工序待用。

1.4 主要工艺设备

本工序主要工艺设备有：石灰窑、煤气加压站、除尘器、斗式提升机、振动筛、颚式破碎机、皮带输送机、双梁桥式起重机、手选皮带、沸腾炉、回转烘干窑、布袋除尘器、滚动筛、振动给料机等。

1.5　岗位的安全操作

1.5.1　麦尔兹石灰窑岗位

麦尔兹石灰窑工作原理见图 1-1。

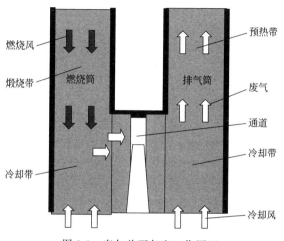

图 1-1　麦尔兹石灰窑工作原理

1.5.1.1　开车

（1）开车的准备

① 确认后料场石灰石原料充足且原材料指标合格；

② 确认窑前料仓原料充足。

（2）设备状况确认

① 检查卷扬机变速箱等润滑部位是否按规定添加润滑油；

② 检查上料皮带机是否有跑偏或松动等异常现象；

③ 检查各传动部位是否正常；

④ 检查所有罗茨风机、引风机油位是否正常，冷却水是否正常；

⑤ 检查加料系统是否正常；

⑥ 检查液压系统是否工作正常、各换向阀是否开关灵活；

⑦ 检查窑体所有人孔、阀门是否关闭，并作窑密封试验。

（3）仪表确认

① 检查现场仪表压力、流量、温度显示正常；

② 确认各开关已打到"0"位，各电源显示正常；

③ 主控画面显示正常。

（4）电气确认

① 检查电动装置正常，是否正常送电；

② 检查设备的启、停开关是否在正确位置上，报警装置是否灵活可靠。

（5）工艺确认

① 与净化工序沟通是否送气，确认是否具备送气条件；

② 确认氮气压力、压缩空气压力在指标范围内。

（6）开车的程序

麦尔兹石灰窑开窑操作步骤：

① 上料系统操作（手动控制操作）

a.启动石灰石料场除尘器引风机；

b.移动重型卸料车使下料处对准所要上料的料仓口；

c.启动石灰石皮带机；

d.启动石灰石料坑下振动给料机。

② 加料系统操作

a.将废料皮带、振动筛、振动给料机、卷扬机、窑顶可逆皮带、旋转料斗、窑顶振动给料机等打至"自动"；

b.设定窑前称重料斗装料重量；

c.将石灰石上料模式、卷扬机模式、窑顶加料模式打至"自动"。

③ 开窑步骤的操作

a.与净化岗位联系，确认气柜活塞高度，确认煤气量是否满足送气要求、能否开窑；

b.巡检工在加压站、风机房确认是否具备开窑条件；

c.确认各系统是否正常，重点观察大、小回流阀及其它煤气系统阀门、阀位是否正常；

d.选窑模式为"生产模式"；

e.启动煤气加压机，确认进出口电动蝶阀、大小回流阀门动作到位；

f.启动液压泵；

g.启动喷枪冷却风机；

h.开启废气除尘风机，对废气除尘器进行预热；

i.喷枪冷却风机启动运转3min后，点"窑开"按钮；

j.根据中控画面显示及时调整热能输入、过剩空气系数、石灰冷却空气单耗等。

1.5.1.2 正常运行

（1）正常运行安全操作要点

① 巡检人员及班组长密切关注煤气热值、窑温、废气温度、灰温、石灰生过烧、窑压等，当参数发生变化时及时调整；

② 检查各部分地角连接螺栓是否紧固、完好齐全，并及时紧固补充；

③ 检查窑体是否密封正常，如有泄漏及时停窑处理；

④ 检查风机轴承箱油位是否正常，循环水是否正常；

⑤ 检查减速机运行情况，做到无杂音、油位正常、轴承完好，抱闸灵活好用、松紧适宜，无残缺、无断裂、制动器不缺油；

⑥ 经常检查各振动给料机运行情况、设备完好程度，检查吊挂是否平衡、振幅是否稳定，保证运行平稳；

⑦ 经常检查电动滚筒油质、油量是否符合标准，固定螺栓是否完好；

⑧ 检查皮带接头磨损情况，严防划伤、撕裂和断带，检查皮带支架平衡、平行度，保证正常运行；

⑨ 检查液压站设备是否正常运行；

⑩ 检查循环水站设备是否正常。

（2）巡检要求和记录

① 按照设备操作规程中各个设备的巡检要求进行定时的巡检并做好记录；

② 注意观察电流表显示是否正确；

③ 注意观察电机运行的声音、温度、振动是否正常，运行电流是否超过额定电流；

④ 随时注意电气（器）的工作状态，当电气（器）不能正常工作时，要及时处理和报告，并做好相应的记录。

（3）交接班时按照附录 1《生产交接班管理制度》的规定进行。

1.5.1.3 停车

（1）停车操作程序

① 正常停窑时必须与净化工、调度沟通确认及时调整气柜活塞高度（紧急情况除外）；

② 按"窑关"按钮，停止石灰窑运行，断开光学高温计，防止烧坏光学高温计。

（2）停车安全操作要点

① 如果停窑超过 10min 就应停止废气除尘器；

② 停窑超过 15min 后停止喷枪冷却空气风机；

③ 当停窑超过 2h，窑顶废气换向阀关向窑顶烟囱，窑上所有的门和阀门都必须检查，确保密封良好，这样就可保持窑内足够的点燃温度；

④ 根据停窑持续时间，可以按时间间隔手动活动窑内物料，防止窑内结块，通过料位指示器观察石灰石料位下降情况，若料位下降可手动补料；

⑤ 如果长时间停窑，就要关闭窑换向阀及释放阀上的液压切断阀，并停液压油泵；

⑥ 停窑后，通过指示器和记录仪检查窑连接通道的温度，

如果温度降得太低，必须装上点火烧嘴重新点火，使窑达到操作温度；

⑦ 停窑后，必须保障卷扬机小车在下停车位，禁止出现小车在窑顶待料的情况发生。

1.5.1.4　异常情况处理

（1）故障处理

按照各设备操作规程中所列出的常见故障处理措施进行故障处理。设备损坏需要进行检修，则按照附录 2《设备检修交付工作制度》进行。

预处理岗位设备发生突发性故障，导致干燥岗位无物料，应及时通知下一岗位采取应急措施。

（2）紧急停机程序

① 按下紧急按钮，石灰窑全线紧急停车；

② 向班长汇报急停原因、目前状况；

③ 配合相关人员处理现场。

（3）紧急停机安全操作要点

① 当出现设备操作规程中所列出的紧急停车情况时，执行紧急停车程序；

② 注意停车的顺序，对于未卸完的物料要及时清除。

1.5.1.5　日常检查与维护

（1）按照各类设备操作规程中规定的日常检查项目每 2h 进行一次检查，并做好相应的检查记录。

（2）按照各类设备操作规程中的要求做好设备日常维护工作。

（3）生产现场应无乱堆乱放的物料。

1.5.1.6　电器仪表日常检查

（1）检查所有的电机（附属电流表、控制开关、接地、接线盒等）、室内风扇、照明是否完好。

（2）注意观察电流表显示是否正常，电机运行的声音、温度、振动是否正常，运行电流是否超过额定电流。

（3）随时注意电器在生产运行过程中的工作状态，当电器不能正常工作时，要及时进行处理和报告，并做好相应的记录。

（4）记录检查结果，发现问题及时报告。

1.5.1.7 职业卫生

（1）岗位职业危害因素

本岗位可能存在的主要职业危害因素见附录3。职业危害因素检测结果应该符合工作场所有害因素职业接触限值的要求。

（2）防护措施

① 正确穿戴劳动防护用品；

② 在巡检设备时严禁戴手套；

③ 个人防护用品的配备标准可参照附录4。

（3）急救药品的配置

急救药品的数量和品种应根据岗位实际需要适量配备。一般情况可参照附录5配置，并且应设专人管理，保证药品的基本数量和有效期。

1.5.1.8 检修

设备的检修按照附录2《设备检修交付工作制度》进行。

1.5.2 双梁竖式石灰窑岗位

双梁竖式石灰窑工艺流程见图1-2。

1.5.2.1 开车

（1）开车的准备

① 检查石灰石是否充足；

② 检查各料仓料位是否正常、窑内是否缺料；

③ 检查上料小车钢丝绳有无断丝断股、严重磨损现象；

④ 检查各设备润滑部位润滑良好；

⑤ 检查导热油系统正常运行；

⑥ 检查现场仪表、压力、流量、温度显示正常；

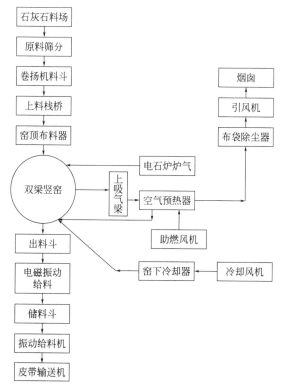

图 1-2 双梁竖式石灰窑工艺流程

⑦ 检查气动系统是否正常、压缩空气压力是否达到使用压力；

⑧ 检查设备的启、停开关在正确位置上，报警装置正常；

⑨ 检查所有阀门关闭到位，管道阀门不存在跑、冒、滴、漏现象；

⑩ 确认氮气压力、压缩空气压力在指标范围内。

（2）开车的程序

① 确认燃烧梁配风阀开度正常，将快切阀自动打开；

② 自动投出灰后启动主引风机、助燃风机、冷却风机，控制窑体负压在 $-100Pa$；

③ 打开增压风机进口氮气阀门，启动增压风机，通知净化

工序送气，打开风机进、出口阀门后逐步提高风机频率，关闭风机进口氮气阀门；

④ 煤气管道压力超过 10kPa 时打开放散阀，逐步打开窑上旋塞阀；

⑤ 确认煤气在窑内燃烧（未燃烧使用点火棒点火）；

⑥ 主控工通过调整主引风机频率，控制窑体负压在指标范围内；

⑦ 确认各个系统联锁投运。

（3）开车的安全操作要点

执行各类设备操作规程中开车的安全操作要求。

1.5.2.2　正常运行

（1）正常运行安全操作要点

① 夏季天气较热，作业过程中易出汗，石灰可能烧伤眼睛、蜇坏皮肤，操作人员必须将劳保用品穿戴齐全；

② 进入有限空间作业时应根据现场人员实际情况安排，防止发生人员中暑；

③ 及时清扫清除楼梯、楼层、平台及所属卫生区域的积雪、积水、结冰，防止人员滑跌造成的创伤、坠落事故；

④ 对除尘储气罐应定期进行排水。

（2）生产运行记录

生产中应对下列操作指标进行控制和记录：

① 石灰窑煤气窑前压力 8～18kPa；

② 导热油泵出口压力 0.45～0.7MPa；

③ 上燃烧梁平均温度 450～750℃；

④ 下燃烧梁平均温度 550～800℃；

⑤ 石灰生过烧≤13%；

⑥ 导热油散热前温度≤180℃；

⑦ 窑体负压－20～－110Pa。

（3）巡检要求和记录

① 司窑工根据煤气压力、石灰质量给定产量，主控在控制

画面观察窑温变化，与司窑工沟通调整产量；

② 主控仔细观察各趋势图，判断窑内是否有悬窑、结瘤，出灰口停止出灰超过6min要及时现场手动出灰；

③ 司窑工认真观察窑内石料移动情况，避免出现悬窑或结瘤；

④ 出灰口出灰工及时观察仓内料位、出灰温度，在料位达到上限时及时与筛分楼人员联系将石灰输送至筛分楼料仓；

⑤ 出灰期间灰仓内预留三分之一的灰位，灰温过高时及时与主控联系增加冷却风机频率；

⑥ 石灰窑热窑点火前，确认下燃烧梁平均温度≥650℃时将炉气输送至窑内点火，下燃烧梁平均温度<650℃时使用点火棒点火；

⑦ 冷窑点火前对窑内气体进行分析检测，确认窑内一氧化碳含量≤0.5％后开窑；

⑧ 随时注意电气（器）的工作状态，当电气（器）不能正常工作时，要及时处理和报告，并做好相应的记录。

（4）交接班时按照附录1《生产交接班管理制度》的规定进行。

1.5.2.3　停车

（1）停车操作程序

① 各岗位人员做好停窑前准备，关闭石灰窑上放散阀、周边烧嘴阀门后通知净化工序停止供气；

② 关闭增压风机进出口阀门和上、下燃烧梁处大、小旋塞阀，关闭快切阀，停增压风机、助燃风机，主引风机在上述操作结束后保持窑体负压−20Pa运行5min后停止；

③ 并联平台处阀门不动，根据停窑的时间进行集中出料，停窑后冷却风机保持15Hz运行；

④ 根据出料情况，可采取集中操作方式给窑内上料，以保持窑内的料位高度。

（2）停车安全操作要点

① 按照各设备操作规程中的要求依次对下游设备进行停机；

② 停车前各个岗位提前联系，做好沟通工作；

③ 停车后关闭各相关阀门，确保设备再次启动时空载运行；

④ 停车后断电并检查各设备有无异常情况，发现问题及时汇报处理。

1.5.2.4 异常情况处理

（1）故障处理

按照各设备操作规程中所列出的常见故障处理措施进行故障处理。设备损坏需要进行检修，按照附录2《设备检修交付工作制度》进行。

预处理岗位设备发生突发性故障，导致石灰生产岗位无法正常运行时，应及时通知下一岗位采取应急措施。

（2）紧急停机程序

① 迅速关闭石灰窑上放散阀、快切阀，关闭燃烧梁旋塞阀；

② 通知净化工序停止供气。

（3）紧急停机安全操作要点

① 当出现工艺生产故障及设备操作规程中所列出的紧急停车情况，执行紧急停车程序；

② 注意停车的顺序，对于未卸完的物料要及时清除。

1.5.2.5 日常检查与维护

（1）按照各类设备操作规程中规定的日常检查项目每1h进行一次检查，并做好相应的检查记录。

（2）按照各类设备操作规程中的要求做好设备日常维护工作。

（3）生产现场应无乱堆乱放的物料。

1.5.2.6 电器仪表日常检查

（1）检查所有的电机（附属电流表、控制开关、接地、接线盒等）、照明是否完好。

（2）注意观察电流表显示是否正常，电机运行的声音、温度、振动是否正常，运行电流是否超过额定电流。

（3）随时注意电器在生产运行过程中的工作状态，当电器不能正常工作时，要及时进行处理和报告，并做好相应的记录。

（4）记录检查结果，发现问题及时报告。

1.5.2.7　职业卫生

（1）岗位职业危害因素

本岗位可能存在的主要职业危害因素见附录3。职业危害因素检测结果应该符合工作场所有害因素职业接触限值的要求。

（2）防护措施

① 正确穿戴劳动防护用品；

② 在巡检设备时严禁戴手套；

③ 个人防护用品的配备标准可参照附录4。

（3）急救药品的配置

急救药品的数量和品种应根据岗位实际需要适量配备。一般情况可参照附录5配置，并且应设专人管理，保证药品的基本数量和有效期。

1.5.2.8　检修

设备的检修按照附录2《设备检修交付工作制度》进行。

1.5.3　立式烘干窑岗位

立式烘干窑原理结构见图1-3。

1.5.3.1　开车

（1）开车准备

① 检查电磁阀、液压系统是否能够保证设备正常运行；

② 检查设备螺丝是否紧固、各润滑部位是否按规定润滑；

③ 检查皮带机是否有跑偏或皮带松动等现象；

④ 检查除尘风机是否正常、各管道进气阀门是否打开；

⑤ 检查鼓风机运行是否正常、各管道进气阀门是否打开；

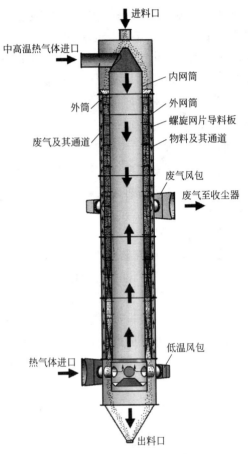

进料口

中高温热气体进口

内网筒

外筒

外网筒

螺旋网片导料板

废气及其通道

物料及其通道

废气风包

废气至收尘器

低温风包

热气体进口

出料口

图 1-3　立式烘干窑原理结构

⑥ 检查各仪表盘上按钮是否灵敏、开关是否正常；

⑦ 检查除尘器是否运行正常、气压是否在工艺指标范围内；

⑧ 通知配电室内与操作无关人员离开现场，做好开车准备；

⑨ 将推杆打至允许手动操作，1s 推一次，推 3～5min。

（2）开车程序

① 开车前各岗位人员到位，配电工启动电脑检查主机是否有故障显示、是否及时清除故障；

② 检查各料仓推杆感应器是否显示、液压系统压力是否达到指标范围内 5.0～8.0MPa；

③ 检查大倾角皮带、除尘提升机、卸料油缸、出料皮带是否能正常启动，引风机、鼓风机除尘器输灰装置、卸灰阀是否正常运转；

④ 检查燃料仓有无足够燃料粉末，准备烧红的底渣，将温度较高的净化灰底渣平铺到炉膛内 15cm 高度后，启动鼓风机开窑；

⑤ 确认开车工作准备完毕后，由当班值长、班长进行开车点火工作，启动并逐步对引风机、鼓风机频率进行加减，启动除尘器输灰装置；

⑥ 启动垂直大倾角皮带、水平大倾角皮带（2# 立窑先启动上料平带）地坑平皮带、振动给料机，投用上料系统料位联锁；

⑦ 立式烘干窑开车出料后，对烘干后炭材取样进行分析，要求烘干后炭材水分≤1%；

⑧ 在立式烘干窑正常生产的情况下，及时通知铲车司机对料仓进行加料；

⑨ 检查立窑吸渣、喷吹风机是否可以启动，具备启动条件；

⑩ 开窑前必须对窑腔内进行检查落实，确定有无墙壁积灰滑落等问题的发生，确认无误后方可进行起火作业，在起火完毕后（炉膛内沙子颜色正常之后）即可投入运行净化灰焚烧系统。

1.5.3.2　正常运行

（1）正常运行安全操作要点

① 按照本岗位各设备操作规程的要求进行操作；

② 在对运行中的设备进行巡回检查时，需保持安全距离，戴好防护用具；

③ 输送设备运行中严禁穿越或跨越，避免造成人身设备事故；

④ 所有设备在运行过程中加强巡检，各设备安全防护设施

应完好;

⑤ 设备在运行中不能进行检修和维护保养工作。

（2）生产运行记录

生产中应对下列操作指标进行控制和记录:

① 干燥炭材原料的数量、水分及粉末;

② 筛分出的炭材原料粉末粒度中大于 3mm 的量不超过 4%;

③ 炭材烘干后水分含量不超过 1%。

（3）巡检要求和记录

① 按照设备操作规程中各个设备的巡检要求进行定时的巡检并做好记录;

② 电机运行的声音、温度、振动是否正常，运行电流是否超过额定电流;

③ 随时注意电器的工作状态，当电器不能正常工作时，要及时处理和报告，并做好相应的记录;

④ 按照各个设备操作规程中规定的设备的日常检查项目每 2h 进行一次检查，并做好相应的检查记录。

（4）交接班时按照附录 1《生产交接班管理制度》的规定进行。

1.5.3.3　停车

（1）停车操作程序

接到停车指令后，现场操作人员按照以下顺序进行停车操作。

停窑前 10min 停止净化灰焚烧，在喷吹风机停止后，根据炉内底渣颜色，将鼓风机加 2～3Hz，打开干焦粉末继续燃烧，待 10min 后关闭鼓风机运行。

（2）停车安全操作要点

① 首先停止振动给料机给料，待波纹挡边机内物料卸完后停止运行，关掉波纹挡边机开关;

② 将料层温度降至 $100 \sim 110℃$ 时，推杆停止运行，停止除尘引风机；

③ 停止干燥尾气除尘器运行时，应先停止引风机运行后再关好风机进风阀，关掉除尘控制开关，同时告知电炉主控人员；

④ 烘干系统设备全部停止运行后，关闭总进风阀门。

1.5.3.4　异常情况处理

（1）故障处理

设备的常见故障按照各设备操作规程中列出的常见故障处理措施进行处理。

（2）紧急停车程序

当发生下列情况时，可采取紧急停车措施：

① 波纹挡边机皮带损坏；

② 提升机声音异常、掉斗、滑链或链条断，立即停料。

（3）紧急停车安全操作要点

① 设备发生故障时应立即停止前序设备运行；

② 拉下故障设备电源开关；

③ 向班长及电炉主控人员汇报急停原因、目前状况；

④ 配合检修人员处理故障。

1.5.3.5　日常检查与维护

（1）滚动筛

① 随时检查滚动筛进出口，防止堵料；

② 随时检查筛网是否完好，防止大颗物料漏入链运机；

③ 检查筛子的运行情况和传动轴上轴承的工作温度是否正常，以及连接件的牢固情况，发现问题及时处理；

④ 定期向轴承加注钙基润滑脂；

⑤ 星型摆线减速器应定期清洗、换油；

⑥ 严禁金属硬物进入转轮筛网内损坏筛网；

⑦ 启动滚动筛前用手盘动联轴器，手感无卡涩现象；

⑧ 停滚动筛时，应先关掉进料阀，待机内无物料时再停机。

（2）圆盘喂料机和煤粉给料机

① 保持设备表面清洁干净；

② 检查圆盘喂料机隔板是否损坏；

③ 检查连接三角带是否完好，如损坏应及时更换。

（3）其它设备按本书第 8 章设备操作规程进行日常检查与维护。

1.5.3.6　电器仪表日常检查

① 注意观察检测仪表指针是否脱落或者弯曲、显示是否正常；

② 注意观察仪表盘上的二次表与现场一次表之间是否出现较大差异，二次表上手动控制是否有效，报警信号是否灵敏、正确；

③ 注意仪表气源压力是否在正常范围内、自动调节阀有无反应延迟等失效表现；

④ 注意检查仪表检验是否在有效期内，并及时报告超期的仪表，以备更换；

⑤ 注意观察电流表是否完整，电机运行的声音、温度、振动是否正常，运行电流是否超过额定电流，照明是否正常；

⑥ 随时注意电器的工作状态，当电器不能正常工作时，要及时进行处理和报告，并做好相应的记录。

1.5.3.7　职业卫生

（1）岗位职业危害因素

本岗位可能存在的主要职业危害因素见附录 3。职业危害因素检测结果应该符合工作场所有害因素职业接触限值的要求。

（2）防护措施

个人防护用品的配备可参照附录 4。

（3）急救药品的配置

急救药品的数量和品种应根据实际需要配备，一般情况可参照表附录 5 配置，并且应设专人管理，保证药品的基本数量和有效期。

1.5.3.8　检修

设备的检修按照附录2《设备检修交付工作制度》进行。

1.5.4　箱式烘干窑岗位

1.5.4.1　开车

（1）开车的准备

① 检查气力输灰系统运行正常；

② 检查各料仓料位正常；

③ 检查净化灰焚烧系统正常；

④ 检查各设备润滑部位润滑良好；

⑤ 检查现场仪表、压力、流量、温度显示正常；

⑥ 检查气动系统是否正常、压缩空气压力是否达到使用压力；

⑦ 检查设备的启、停开关在正确位置上，报警装置正常；

⑧ 确认氮气压力、压缩空气压力在指标范围内。

（2）开车的程序

① 启动除尘风机控制箱体在指标内，启动 1# 高温风机（5Hz），启动鼓风机（10Hz），运行正常后逐步提高鼓风机频率，逐步打开鼓风机风门；

② 炉膛内沙子逐步变红，炉膛温度上升时提高 1# 高温风机频率（至 10Hz），启动 2# 高温风机（5Hz）；

③ 逐步提高除尘风机，1#、2# 高温风机频率，每次频率调节 3Hz；

④ 当箱体有 4 个热电偶温度超过 150℃时将网链投自动运行，打开插板向箱体进料；

⑤ 调节箱网链速度，一般投料前第一层速度控制在 20Hz，低温区平均温度每上升 10℃，将网链转速提高 1～2Hz。

（3）开车的安全操作要点

执行各类设备操作规程中开车的安全操作要求。

1.5.4.2　正常运行

（1）正常运行安全操作要点

① 夏季天气较热，作业过程中易出汗，石灰可能烧伤眼睛、蜇坏皮肤，操作人员必须将劳保用品穿戴齐全；

② 进入有限空间作业时应根据现场人员实际情况安排，防止发生人员中暑；

③ 及时清扫清除楼梯、楼层、平台及所属卫生区域的积雪、积水、结冰，防止人员滑跌造成的创伤、坠落事故；

④ 对除尘储气罐应定期进行排水。

（2）生产运行记录

生产中应对下列操作指标进行控制和记录：

① 炭材烘干后水分≤1.0%；

② 高温区平均温度≤220℃；

③ 低温区平均温度≤260℃；

④ 沸腾炉炉膛负压－20～－300Pa；

（3）巡检要求和记录

① 巡检人员及班组长要密切关注出滚筒物料温度，并及时联系化验室人员取样分析，出现水分超标及时调整窑况；

② 检查各部分地角连接螺栓是否紧固、完好齐全，并及时紧固补充；

③ 烘干窑5$^{\#}$、6$^{\#}$除尘器在输灰期间须将1$^{\#}$、3$^{\#}$除尘器引风控制在5Hz以上运行；

④ 启动鼓风机前，必须确认风门在关闭状态，非正常操作期间（检修、清理炉膛等）严禁鼓风机在运行状态下风门开度超过量程50%；

⑤ 沸腾炉鼓风机停止运行后，鼓风机风门开度控制在量程50%，保持风箱空气与外界相通；

⑥ 沸腾炉开车操作期间，现场最多允许2人作业，其他人员不得靠近沸腾炉区域。

（4）交接班时按照附录 1《生产交接班管理制度》的规定进行。

1.5.4.3　停车

（1）停车操作程序

① 关闭插板向箱体停止进料；

② 沸腾炉继续运行 20min 后停止添加燃料（停止净化灰焚烧），待炉膛温度下降至 950℃后关闭鼓风机运行（进除尘温度高时提前压火），调整高温风机频率 $1^{\#}$ 15Hz、$2^{\#}$ 10Hz，同时网链频率降低 4～8Hz 继续运行；

③ 待网链内物料输送完毕后关闭 $1^{\#}$～$7^{\#}$ 链条及出料皮带、高温风机、除尘风机。

（2）停车安全操作要点

① 按照各设备操作规程中的要求依次对下游设备进行停机；

② 停车前各个岗位提前联系，做好沟通工作；

③ 停车后关闭各相关阀门，确保设备再次启动时空载运行；

④ 停车后断电并检查各设备有无异常情况，发现问题及时汇报处理。

1.5.4.4　异常情况处理

（1）故障处理

按照各设备操作规程中所列出的常见故障处理措施进行故障处理。设备损坏需要进行检修，按照附录 2《设备检修交付工作制度》进行。

预处理岗位设备发生突发性故障，导致石灰生产岗位无法正常运行时，应及时通知下一岗位采取应急措施。

（2）紧急停车程序

① 停止粉末圆盘给料；

② 停止鼓风机。

（3）紧急停车安全操作要点

① 当出现工艺生产故障及设备操作规程中所列出的紧急停

车情况时，执行紧急停车程序；

②注意停车的顺序，对于未卸完的物料要及时清除。

1.5.4.5 日常检查与维护

（1）按照各类设备操作规程中规定的日常检查项目每 1h 进行一次检查，并做好相应的检查记录。

（2）按照各类设备操作规程中的要求做好设备日常维护工作。

（3）生产现场应无乱堆乱放的物料。

1.5.4.6 电器仪表日常检查

（1）检查所有的电机（附属电流表、控制开关、接地、接线盒等）、照明是否完好。

（2）注意观察电流表显示是否正常，电机运行的声音、温度、振动是否正常，运行电流是否超过额定电流。

（3）随时注意电器在生产运行过程中的工作状态，当电器不能正常工作时，要及时进行处理和报告，并做好相应的记录。

（4）记录检查结果，发现问题及时报告。

1.5.4.7 职业卫生

（1）岗位职业危害因素

本岗位可能存在的主要职业危害因素见附录3。职业危害因素检测结果应该符合工作场所有害因素职业接触限值的要求。

（2）防护措施

①正确穿戴劳动防护用品；

②在巡检设备时严禁戴手套；

③个人防护用品的配备标准可参照附录4。

（3）急救药品的配置

急救药品的数量和品种应根据岗位实际需要适量配备。一般情况可参照附录5配置，并且应设专人管理，保证药品的基本数量和有效期。

1.5.4.8　检修

设备的检修按照附录 2《设备检修交付工作制度》进行。

1.5.5　卧式烘干窑岗位

1.5.5.1　开车

（1）开车的准备

① 检查气力输灰系统运行正常；

② 检查各料仓料位正常；

③ 检查净化灰焚烧系统正常；

④ 检查各设备润滑部位润滑良好；

⑤ 检查现场仪表、压力、流量、温度显示正常；

⑥ 检查气动系统是否正常、压缩空气压力是否达到使用压力；

⑦ 检查设备的启、停开关在正确位置上，报警装置正常；

⑧ 确认氮气压力、压缩空气压力在指标范围内。

（2）开车的程序

① 在沸腾炉内铺一层厚度约为 100mm 的高温底渣，并在底渣上面铺一层厚度约为 3mm 的燃料；

② 启动除尘引风机、鼓风机，使炉内高温底渣与燃料均匀蠕动；

③ 根据炉膛内温度变化用圆盘给料机自动添加燃料，使其整个炉膛内的底渣逐渐变红；

④ 提高除尘引风机频率，开大鼓风机风门，使其炉膛内底渣沸腾；

⑤ 尾气温度超过 100℃以后，启动湿料圆盘向滚筒进料。

（3）开车的安全操作要点

执行各类设备操作规程中开车的安全操作要求。

1.5.5.2　正常运行

（1）正常运行安全操作要点

① 巡检人员检查炉膛运行情况时，必须佩戴防火面罩，防

止窑内正压烫伤人员；

② 开启炉门时，必须佩戴防护手套，防止人员烫伤。

（2）生产运行记录

生产中应对下列操作指标进行控制和记录：

① 炭材烘干后水分≤1.0%；

② 尾气温度≤160℃；

③ 沸腾炉炉膛负压－20～－150Pa。

（3）巡检要求和记录

① 巡检人员及班组长要密切关注出滚筒物料温度，并及时联系化验室人员取样分析，出现水分含量超标及时调整窑况；

② 检查减速机运行情况，做到无杂音、油位正常、轴承完好，抱闸灵活好用、松紧适宜；

③ 检查电动滚筒油质、油量是否符合标准，固定螺栓是否完好；

④ 检查皮带接头磨损情况，严防划伤、撕裂和断带，检查更换损坏托辊，检查皮带支架平衡、保证正常运行；

⑤ 检查各脉冲阀有无漏气或停吹、除尘布袋是否完好无损；

⑥ 定期检查除尘箱体、法兰是否开裂漏风，定期检查螺旋输送机有无剐蹭、电机是否运行正常；

⑦ 检查减速器，定期补充或更换润滑油不低于减速器油尺刻度；

⑧ 观察废气排放是否超标，判断除尘布袋是否破损，下班前打扫设备卫生，并向下班通报本班设备运行情况；

⑨ 沸腾炉开车操作期间，现场最多允许2人作业，其他人员不得靠近沸腾炉区域。

（4）交接班时按照附录1《生产交接班管理制度》的规定进行。

1.5.5.3 停车

（1）停车操作程序

① 停止湿料圆盘给料；

② 停止向沸腾炉内添加燃料（停止净化灰焚烧），待炉膛温度下降至 950℃ 后关闭鼓风机运行，将引风机频率设定在 20Hz 运行；

③ 待烘干滚筒内的物料卸尽后降低滚筒转速，引风机保持 5Hz 运行。

（2）停车安全操作要点

① 按照各设备操作规程中的要求依次对下游设备进行停机；

② 停车前各个岗位提前联系，做好沟通工作；

③ 停车后关闭各相关阀门，确保设备再次启动时空载运行；

④ 停车后断电并检查各设备有无异常情况，发现问题及时汇报处理。

1.5.5.4 异常情况处理

（1）故障处理

按照各设备操作规程中所列出的常见故障处理措施进行故障处理。设备损坏需要进行检修，按照附录 2《设备检修交付工作制度》进行。

预处理岗位设备发生突发性故障，导致烘干生产岗位无法正常运行时，应及时通知下一岗位采取应急措施。

（2）紧急停车程序

① 停止粉末圆盘给料；

② 停止鼓风机。

（3）紧急停车安全操作要点

① 当出现工艺生产故障及设备操作规程中所列出的紧急停车情况，执行紧急停车程序；

② 注意停车的顺序，对于未卸完的物料要及时清除。

1.5.5.5 日常检查与维护

（1）按照各类设备操作规程中规定的日常检查项目每 1h 进行一次检查，并做好相应的检查记录。

（2）按照各类设备操作规程中的要求做好设备日常维护

工作。

（3）生产现场应无乱堆乱放的物料。

1.5.5.6　电器仪表日常检查

（1）检查所有的电机（附属电流表、控制开关、接地、接线盒等）、照明是否完好。

（2）注意观察电流表显示是否正常，电机运行的声音、温度、振动是否正常，运行电流是否超过额定电流。

（3）随时注意电器在生产运行过程中的工作状态，当电器不能正常工作时，要及时进行处理和报告，并做好相应的记录。

（4）记录检查结果，发现问题及时报告。

1.5.5.7　职业卫生

（1）岗位职业危害因素

本岗位可能存在的主要职业危害因素见附录3。职业危害因素检测结果应该符合工作场所有害因素职业接触限值的要求。

（2）防护措施

① 正确穿戴劳动防护用品；

② 在巡检设备时严禁戴手套；

③ 个人防护用品的配备标准可参照附录4。

（3）急救药品的配置

急救药品的数量和品种应根据岗位实际需要适量配备。一般情况可参照附录5配置，并且应设专人管理，保证药品的基本数量和有效期。

1.5.5.8　检修

设备的检修按照附录2《设备检修交付工作制度》进行。

1.5.6　原料输送岗位

1.5.6.1　开车工作

（1）开车准备

开车前应做好以下各运转设备的检查工作。

① 振动筛

a.电压显示是否正常；

b.振动电机的螺栓是否松动；

c.进料口、出料口的软连接是否完好；

d.筛网是否有损坏现象；

e.减震装置是否完好。

② 散尘除尘器

a.检查气源压力是否达到要求（0.4～0.6MPa）、阀门是否漏气；

b.除尘输灰绞轮运行是否正常；

c.风机及电机的地脚螺栓是否松动；

d.检查电压显示是否正常；

e.布袋骨架是否有掉袋和破袋的现象；

f.检查气力输灰仓泵及管道是否正常。

③ 输送皮带

a.检查输送皮带是否有跑偏或松动等异常现象；

b.检查皮带减速机地脚螺栓是否松动；

c.传动部位防护装置是否正常；

d.检查皮带接头是否完好。

④ 其它设备按照操作规程规定的项目进行检查。

（2）开车程序

① 碳素原料从烘干窑输送到电石炉工序炭材料仓的开车顺序

a.接到开车指令后，开启散尘除尘器；

b.开启皮带输送机、中转仓振动给料机、炭材振动筛、波状挡边皮带机、窑尾皮带机、烘干装置；

c.最后开启湿焦料场振动给料机。

② 石灰从石灰窑输送到电石炉工序石灰料仓的开车顺序

a.接到开车通知后，开启散尘除尘器；

b.依次开启皮带输送机、中转仓振动给料机、石灰振动筛、波状挡边皮带机、窑下皮带机；

c.最后开启石灰窑下料仓的振动给料机。

（3）开车安全操作要点

① 皮带输送机、波状挡边输送机、振动筛必须空载启动；

② 设备启动前先现场巡检，确认周围无人或无杂物后启动，检查开关要切换到手动，转动设备启动前进行盘车工作，各个连接点都正常，确认无卡阻现象及无异常响声；

③ 皮带上没有异物，托辊完好，安全保护设施完好，附属设备无缺油漏电；

④ 在确认无人进行检修设备及其他人员时，方可开车。

1.5.6.2　正常运行

（1）正常运行安全操作要点

① 振动筛的正常操作要点

a.振动筛在无负荷情况下空载开车；

b.接通振动筛的电源开关；

c.待振动筛运行平稳后进料筛分；

d.注意观察下料情况，保证给料连续、均匀。

② 输送皮带运转时，严禁人员从皮带输送机上方跨越；

③ 给料量不宜太大，以免堵塞下料口，给料方向与物料在筛面上走向一致；

④ 待筛面上物料筛分干净后再停机，确保下次空载开机；

⑤ 工作过程中发生故障应立即停止运转，予以消除；

⑥ 其它设备按本书第8章设备操作规程进行操作。

（2）生产运行记录

生产中应对下列操作指标进行控制和记录：

① 输送的各种炭材、石灰及输送时间；

② 石灰生过烧的化验值；

③ 炭材水分的化验值。

（3）巡检要求和记录

① 检查皮带无跑偏现象，传动、支撑、挡轮装置有无异常

声音、振动和发热现象；

② 皮带输送机的轴承座、电机、电滚筒或减速机无异响；

③ 在长期运行中，皮带输送机的轴承温升不得超过 70℃；

④ 皮带输送机的减速器运转时，最大油温不得超过 70℃；

⑤ 经常检查振动筛的运行情况和轴承的工作温度，以及连接件的牢固情况，发现问题及时处理；

⑥ 检查气源压力是否稳定在 0.4～0.6MPa 范围、阀门是否漏气；

⑦ 检查除尘箱体是否开裂漏风、螺旋输送机有无剐蹭、密封是否良好；

⑧ 风机及电机的地脚螺栓是否松动；

⑨ 检查电压显示是否正常；

⑩ 除尘是否有掉袋和破袋的现象；

⑪ 散尘除尘器巡查：

a. 油雾器存油情况是否正常；

b. 电磁脉冲阀有无故障；

c. 各袋室是否按正常周期工作；

d. 提升阀有无故障；

e. 检修门密封条有无老化。

⑫ 其它设备按照相关设备操作规程中规定的巡检要求进行检查。

（4）交接班时按照附录 1《生产交接班管理制度》的规定进行。

1.5.6.3　停车

（1）停车操作程序

① 碳素输送线停车操作

a. 接到停车指令后，先停止烘干装置；

b. 待皮带上碳素输送完后关闭窑尾皮带机、波状挡边皮带、炭材振动筛、中转仓振动给料机、皮带输送机；

c.停止设备运行后关闭散尘除尘器。

② 石灰输送线停车操作

a.接到停车指令后，先停止石灰窑下料仓的振动给料机；

b.待皮带上石灰输送完后关闭窑下平皮带、大倾角皮带、石灰振动筛、中转仓振动给料机；

c.停止设备运行后关闭散尘除尘器。

（2）停车安全操作要点

① 待所有储料仓储满料后发出停车信号，停止给料，待设备内物料全部卸完后依次停止输送设备的运行；

② 停止设备运行后关闭散尘除尘器风机；

③ 停车后对各设备进行全面检查。

1.5.6.4 异常情况处理

（1）故障处理

设备发生的常见故障按照各设备操作规程中常见故障处理措施进行处理。

（2）紧急停车程序

① 岗位发生下列情况时，应采取紧急停车措施：

a.输送期间发生堆料；

b.输送皮带发生着火。

② 停车程序

a.按下停止按钮；

b.向班长及主控人员汇报急停原因、目前状况；

c.配合相关人员处理现场。

（3）紧急停车安全操作要点

① 设备发生故障时应立即停止上游设备运行；

② 停止故障设备电源开关；

③ 向班长汇报故障情况；

④ 若发生火灾，应立即组织力量展开扑救工作，并向安全管理部门汇报。

1.5.6.5　日常检查与维护

（1）按照各类设备操作规程中规定的日常检查和基本维护项目进行检查维护。

（2）对振动筛进行以下检查：

① 检查筛分情况和传动轴轴承的工作温度，以及连接件的牢固情况，发现问题及时处理；

② 定期向轴承加注润滑脂，一般每7天加注一次或根据使用情况及润滑油质自行规定加油期限，润滑油脂加入量不宜过多，以免使轴承工作温度升高，轴承最高温度不得超过70℃；

③ 星型摆线减速器应定期清洗、换油；

④ 筛网与转轮应固定牢固，筛网搭接处应重叠搭接，筛网有破损时应及时更换，以免影响筛分效果；

⑤ 筛内设备承应运转平稳，无噪声，无冲击现象；

⑥ 所有润滑点及油封不得漏油；

⑦ 严禁金属硬物进入振动筛内；

⑧ 启动设备前应空载运行，再进料；

⑨ 停振动筛时，应先停止进料，待筛内无物料时再停机，严禁下次带负荷启动本机。

（3）对散尘布袋除尘器的缓冲罐、油水分离器应每班检查一次，油水分离器应每隔三个月清洗一次。

1.5.6.6　电器仪表日常检查

（1）注意观察检测仪表指针是否脱落或者弯曲、显示是否正常。

（2）注意观察仪表盘上的显示数值是否在规定的范围内。

（3）注意仪表气源压力是否在正常范围内。

（4）注意观察电流表是否完整，电机运行声音、温度、振动是否正常，运行电流是否超过额定电流，照明是否正常。

（5）随时注意电器的工作状态，当电器不能正常工作时，要及时进行处理和报告，并做好相应的记录。

1.5.6.7　职业卫生

（1）岗位职业危害因素

本岗位可能存在的主要职业危害因素见附录3。职业危害因素检测结果应该符合工作场所有害因素职业接触限值的要求。

（2）防护措施

① 正确穿戴劳动防护用品；

② 个人防护用品的配备可参照附录4。

（3）急救药品的配置

急救药品的数量和品种应根据岗位实际需要配备，一般情况可参照附录5配置，并且应设专人管理，保证药品的基本数量和有效期。

1.5.6.8　检修

设备的检修按照附录2《设备检修交付工作制度》进行。

第2章　电石炉工序岗位安全操作

2.1　电炉工序概述

电炉工序主要是将来自原料工序制备好的碳素和石灰原料，按照一定的配料比配成炉料后，放入电石炉内。炉料凭借电弧热电阻热在 2000～2300℃ 的高温下反应生成碳化钙即电石，生成的熔融的电石放入电石锅内，送到冷却破碎工序。

电炉工序分为配电配料岗位、出炉岗位、巡检岗位、炉气净化岗位。

配电配料岗位主要按照工艺已设定的炉料配比进行配料操作；对电炉变压器、补偿电容器进行送电和停电操作；按电炉工艺指标调节电炉变压器二次测挡位，维持三相电极负荷平衡；对配料系统运行状况进行监控，根据料仓料位及时添加炉料；同时与巡检岗位随时保持联系，核实现场运行情况，及时进行电极的压放操作。

巡检岗位负责随时与主控岗位联系，每班测量糊柱高度，测量电极长度，进行电极的压放，测量循环水水温、水压，并对循环水回水情况进行检查。

出炉岗位是根据电石炉的容量并结合实际情况，控制出炉间隔时间，将流出的熔融状态的电石装入电石锅，用卷扬机将小车转运至冷却破碎工序。

2.2　工艺流程简述

　　将原来输送工序送到碳素料贮仓、石灰贮仓内的碳素料及石灰分别经碳素称量斗及石灰称量斗按照设定的配料比自动称量，一同加入混料斗混合均匀后，用皮带输送机送入加料仓，通过加料管加入电石炉。

　　电石炉内的炉料在高温条件下反应生成碳化钙即电石，炉内保持微负压，将炉气从烟道抽走，去炉气除尘器除尘，将炉气一氧化碳输送至石灰窑煅烧石灰。生成的电石定时从出炉口流到电石锅，由卷扬机将电石锅送到冷却破碎工序。

　　电石生产工艺流程见图 2-1。

2.3　主要工艺设备

　　本工序主要工艺设备有：电炉炉体、电炉变压器、电极及附属设备、补偿变压器、出炉除尘器、液压设备、配料设备、电动葫芦等。

　　控制系统主要有：电炉操作站、输送系统操作站、110kV操作站、视频监控系统。

2.4　岗位安全操作

2.4.1　配电配料岗位

2.4.1.1　开车

　　（1）开车准备

　　① 检查电话、电脑、监控、显示、报警装置等是否异常；

　　② 电石炉大修后，仪表维修工对与电炉有关的仪器仪表进行检查及调试，检修合格后方能正式使用；

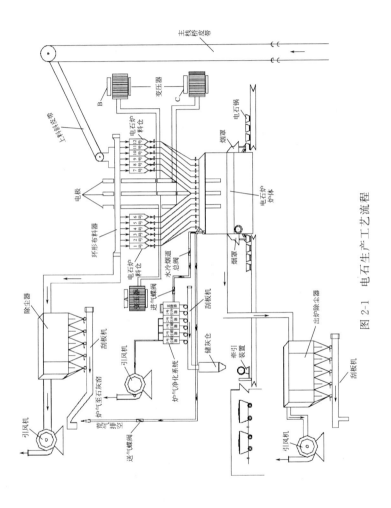

图 2-1　电石生产工艺流程

③ 电炉变压器保护电源开关在工作位置，控制回路完好，机械及电气指示正确，"远方/就地"开关置于"远方"，开关弹簧已储能，110kV 操作站上开关状态显示正确，无故障报警信号；

④ 确认输送系统、配料系统、炉气净化系统设备现场"远方/就地"开关置于"远方"；

⑤ 电炉变压器检修后需经电气技术负责人验收，检修及试验数据合格，具备带电条件，新设备投运时安装检验及所有资料合格齐全，按新设备投运技术方案操作；

⑥ 设备安装现场通风装置良好，消防设施齐全；

⑦ 电极控制装置完好可用，按手动按钮升降电极 2 次，使电极上下活动不少于 50mm，看电极运动是否灵活，有无异响、卡阻现象；

⑧ 油压系统压力、水压、水温是否在要求范围内；

⑨ 应急烟道是否处于关闭状态；

⑩ 变压器油水冷却器是否开启，流量、水压是否正常；

⑪ 确认炉气引风机冷却水阀门是否开启，风门调整是否合适（开车时风门开度小于 10%，配风阀门关闭）；

⑫ 按工艺指标进行电炉变压器挡位调节，将电极控制转至"手动"控制状态；

⑬ 确认供电岗位已做好开车前的准备（具体检查详见供电岗位操作规程）；

⑭ 通知电工合上电炉变压器中性点接地刀闸；

⑮ 原料工序是否供料。

以上操作界面检查应与现场检查同步确认。

（2）开车程序

① 在值班长或车间工艺员的指挥下，提升电极，使电极端头处于料面下 400mm 内；

② 确认变压器中性点接地刀闸在合闸位置，合上电炉变开关，密切关注电流变化，送电正常后通知炉面加料操作员工拉开

电炉变中性点接地开关，并向地方电力调度回复送电完毕；

③ 根据值班长或车间工艺员指示，提升负荷，随时监控炉面压力，逐渐调整引风机进风阀门开度，保持炉面微负压，当电炉负荷增加到需求负荷时，在炉况稳定、电流波动不超过10kA、三相不平衡电流小于 5kA 的情况下，将电极控制切换为"自动"方式，并随时观察电流变化。

④ 送电程序

送电程序按照图 2-2 所示流程进行。

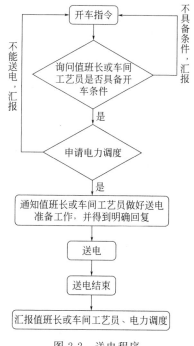

图 2-2　送电程序

（3）开车安全操作要点

① 主控各操作界面显示与现场设备状况应一致；

② 主控人员确认各工序开车准备工作就绪。

2.4.1.2 正常运行

（1）正常运行安全操作要点

① 随时关注 PLC 控制画面数据，若发现运行负荷、功率因素等指标偏离指标要求时，立即进行手动调整；

② PLC 系统有报警信号时，及时通知电气人员进行处理，必要时采取紧急停车措施；

③ 随时关注外线电压情况，当外线电压发生变化，偏离工艺指标要求时，立即与电力调度联系，进行协调处理；

④ 在操作过程中，如电脑故障，应立即切换电脑进行操作，并通知仪表人员进行处理；

⑤ 在带电压放电极后，如电极偏软，严禁升负荷过快。

（2）生产运行记录

① 每小时记录一次外线电压、入炉负荷、功率因素；

② 记录高配比、调和料的时间、数量；

③ 记录压放电极时间、压放长度；

④ 记录异常情况发生时间、异常情况内容、处理措施。

（3）巡检要求和记录

相关岗位联系情况的记录。

（4）交接班时按照附录 1《生产交接班管理制度》的规定进行。

2.4.1.3 停炉

（1）停炉操作程序

① 停止补偿电容，如补偿电容有分组，应逐组退出；

② 缓慢降低电炉负荷至正常运行负荷 50%；

③ 合上电炉变压器中性点接地刀闸；

④ 断开电炉变压器配电开关；

⑤ 调整电极深入炉底；

⑥ 通知原料工序停止供料；

⑦ 主引风机在电炉停炉 1h 后，停止主引风机运行，停止炉

气净化除尘器清卸灰系统运行；

⑧ 打开应急烟道；

⑨ 通知循环水岗位停止供水。

（2）停炉安全操作要点

① 在降低电炉负荷时应对三相电极依次降低挡位，严禁三相电极任意两相挡位差超过 2 挡；

② 负荷应降到正常运行负荷的 50% 方可停车；

③ 停炉后严禁立即断水，防止冷却设备烧坏；

④ 停炉后应每隔 1h 手动升降电极一次，防止电极与炉料粘连。

2.4.1.4　异常情况处理

（1）故障处理

配电配料常见故障及处理方法见表 2-1。

表 2-1　配电配料常见故障及处理方法

序号	现象	原因	处理方法
1	仪表数据波动大或操作时仪表数据不动	电气线路接触不良或接错	及时报告值班长，通知电工或仪表工处理
		仪表本身出现故障	
		电脑故障	
2	继电器工作时，声音异常	继电器线圈故障或螺丝松动	及时通知电工处理
3	控制电脑死机，程序异常	电脑软硬件故障	联系仪表相关人员处理
4	功率因素偏低	超电流	降低操作电流
		供电质量下降	联系供电部门
		补偿电容电压偏低	调整补变挡位，提高电容器电压
5	计量显示不准确	计量秤故障	通知仪表处理

续表

序号	现象	原因	处理方法
6	发现有冒烟、异味等	线路故障、短路	紧急情况时，切断电源，通知电工处理
7	高压站监控机运行数据不刷新	监控系统全部或部分通信中断	重新启机，不能处理时尽快通知专业人员进行处理
8	运行中的开关出现状态变位（由合闸显示分闸）	1）开关不明原因分闸；2）开关直流电源失电；3）开关辅接点故障，信号误发	检查运行电流是否正常，电流正常说明状态信号误发；通知检修人员处理
9	监控机在运行中突然退出运行，重新启机仍不能恢复	监控系统故障	立即报告电调或电气负责人，安排电气人员在现场进行监视和操作

（2）紧急停车程序

发生下列情况，可以采取紧急停车措施：

① 导电系统有严重放电现象或发生短路；

② 炉面设备大量漏水；

③ 出炉时炉槽漏水，引起严重爆炸；

④ 炉壁及炉底严重烧穿；

⑤ 变压器室及油冷却室发生严重故障；

⑥ 液压系统发生大量漏油、压力下降油泵打不起压，把持器突然全松；

⑦ 电石炉冷却水突然中断；

⑧ 仪表失灵，无法维持正常操作和危及生产安全时；

⑨ 电极发生软、硬断事故，大量液态电极糊外流，压放电极时发生打滑，根据值班长指示紧急停车；

⑩ 冷却系统停水或严重漏水，油压系统失压或高压油管破裂以至严重漏油，循环水压低于 0.1MPa，油压系统低于 5MPa，把持器压力低于 4MPa；

⑪ 电炉发生大塌料，重大设备、操作事故以及其它危及操作人员人身安全的事故，根据值班长指示紧急停车；

⑫ 电流突然上涨或下降达 30kA，且无法控制；

⑬ 发生火灾等自然灾害时。

（3）紧急停车程序

① 立即按下电炉变压器"紧急停止"按钮；

② 向当地电力调度汇报急停原因、目前状态和处理措施。

2.4.1.5　日常检查与维护

（1）出现仪表、电器、设备或线路有焦臭味或烟雾等现象，应立即报告值班长并联系电工、仪表工处理。

（2）在生产运行过程随时注意仪表的工作状态，当仪表不能正常工作时，要及时报告和进行处理。

（3）随时关注主控室内温度及时调节，确保温度在 20～25℃，相对湿度<80%，地面、操作台无积水。

（4）每班保持操作台及其它设备清洁。

2.4.1.6　电器仪表日常检查

（1）注意观察检测仪表指针是否脱落或者弯曲、显示是否正常。

（2）注意观察仪表盘上的二次表与现场一次表之间是否出现较大差异，二次表上手动控制是否有效，报警信号是否灵敏、正确。

（3）注意气源压力是否在正常范围内、自动调节阀有无反应延迟等失效表现。

（4）注意观察电流表是否完整，电机运行声音、温度、振动是否正常，运行电流是否超过额定电流，照明是否正常。

（5）随时注意电器的工作状态，当电器不能正常工作时，要及时进行处理和报告，并做好相应的记录。

2.4.1.7　职业卫生

（1）岗位职业危害因素

本岗位可能存在的主要职业危害因素见附录 3。职业危害因素检测结果应该符合工作场所有害因素职业接触限值的要求。

（2）防护措施

① 正确穿戴劳动防护用品；

② 在巡检动设备时严禁戴手套。

③ 个人防护用品的配备可参照附录4。

（3）急救药品的配置

急救药品的数量和品种应根据岗位实际需要配备，一般情况可参照附录5配置，并且应设专人管理，保证药品的基本数量和有效期。

2.4.1.8 检修

设备的检修按照附录2《设备检修交付工作制度》的规定执行。

2.4.2 出炉岗位

2.4.2.1 开车

（1）出炉准备

① 检查卷扬机按钮开关有无带电；

② 钢丝绳是否摆放到位、地轮牢固灵活，有无异物；

③ 检查电石锅之间的链条插销是否脱落、断裂，锅内是否铺垫焦煤粉；

④ 卷扬机卷筒大齿、小齿是否摩擦损坏；

⑤ 检查出炉卷扬机运转是否正常，钢绳是否有断丝、接头是否规范；

⑥ 出炉前必须确认系统气压正常、铜母线和烧穿器绝缘状况良好、烧穿器铜板与夹持头紧固良好、碳棒长度足够烧穿炉眼、出炉工具完好、喷料堵眼器已经装满合格破损的物料、料斗上盖盖好并扣死、所有工具取放顺畅、上电机构开合正常、挡火门已打开；

⑦ 查智能机器人操作台按钮开关是否正常、各摇杆触点是否灵活；

⑧ 出炉前了解上次出炉情况，出炉量的多少，炉眼的高低、深浅，大小及堵眼操作情况；

⑨ 安装好烧穿碳棒，长度要合适，位置要正，不能有弯头、翘头现象。

（2）出炉程序

① 启动智能机器人前，先确认安全护栏内无人，智能机器人处于安全位置，执行自动动作无碰撞危险；

② 在每次出炉操作前对工具进行目测检查，并确保工具与工具架卡槽在同一直线，对有问题的工具进行校正和抓取调试；

③ 智能机器人在出炉过程中工具归位出现异常时，操作人员应停止智能机器人，切换至手动操作，放置工具后进行后续操作；

④ 手动操作必须有人拿对讲机在安全护栏外侧监护，避免智能机器人出现碰撞损伤，手动操作后转为自动操作前必须确认智能机器人处于安全位置；

⑤ 智能机器人黄色动作执行灯亮时非紧急情况必须要等到黄色动作执行灯灭后再进行其它操作，如果动作执行被中断，必须按复位按钮，并视不同情况进行相应安全手动处理后，方可转为自动操作；

⑥ 正常生产情况下电石炉开眼必须使用烧穿器开眼，在电石流出后使用钢钎带动使电石正常流出，当出现夹钎子现象时必须先浅后深快速带钎，避免钢钎熔断；

⑦ 使用智能机器人开眼时尽量使用烧穿器将炉眼烧开，严禁强开炉眼。

（3）出炉安全操作要点

① 出炉时必须确认安全区域无人，挡火门全开；

② 在出炉引流时操作人员严禁正对出炉口，出炉时任何人员严禁跨越出炉轨道；

③ 出炉口及轨道附近地面应保持干燥，严禁有积水现象；

④ 出炉过程中不需要智能机器人参与时必须将智能机器人

回到系统零位，智能机器人长时间不进行出炉作业时拍下急停按钮或关掉钥匙开关确认设备断电，现场悬挂急停牌；

⑤ 封堵完炉眼后再用堵头夯实，防止炮眼现象发生；

⑥ 牵引装满液态电石进入冷破厂房途中，应有人实施监护，监护人距热电石锅距离应在5m以上。

2.4.2.2　正常运行

（1）正常运行安全操作

① 烧穿器送电前确认碳棒与炉口无接触、烧眼至前限位时铜母线不与挡火门接触打火；

② 出炉时，禁止操作人员进入智能机器人区域内做任何工作；

③ 严禁长时间使用一根钢钎进行带钎作业；

④ 出炉过程中炉舌表面电石积存较多，影响热电石正常流出时，利用堵头将炉舌表面电石扒出深沟，使热电石可以顺利流出，防止电石流入轨道；

⑤ 在智能机器人打样时严禁拉锅操作；

⑥ 电石小车运行时，严禁跨越钢丝绳；

⑦ 出炉小车链板无裂纹，保持电石小车平稳运行；

⑧ 在操作过程中，检查其相关设备是否正常、防对拉装置是否正常，启动卷扬机前必须确认好离合器处于闭合状态，相对卷扬机离合器处于分离状态。

（2）生产运行记录

① 及时做好每次出炉时间、电石锅数、质量分析数据的记录；

② 做好设备检查记录及联系维修记录。

（3）巡检要求和记录

① 交接班必须将智能机器人、卷扬机、出炉小车等打扫干净，定期对其进行加油、润滑；

② 操作智能机器人的操作人员必须经过培训，并熟练掌握

操作台上各按钮的位置、功能和操作要求，深入了解各个自动动作的运行轨迹后方可上岗独立操作；

③ 使用烧穿器烧眼必须根据自身熟练程度和前进还是后退及时调整左摇杆大车和小车速度，并配合右摇杆高速按键，达到快慢有致，达到即能快速烧穿又避免碳棒折断的熟练程度；

④ 给烧穿器送电前必须确认智能机器人和烧穿器位置安全，护栏内一切安全，方可按下确认上电的按钮，给烧穿器断电必须等烧穿器碳棒离开炉眼电弧熄灭后才能给烧穿器断电，紧急情况下可随时进行烧穿器断电操作；

⑤ 必须使用烧穿器把炉眼烧开才能使用带钎子功能，使用带钎子功能必须瞄准炉眼，同一根钎子最多只能进行两次带钎子操作；

⑥ 出炉时勤扒炉舌保持流道顺畅，扒炉舌动作只允许调整上下左右位置，不可调整前后位置，炉舌太厚或太硬时严禁使用自动扒炉舌功能；

⑦ 堵眼之前必须使用烧穿器或堵头把炉眼外口修整好，堵眼器视炉眼位置调整上下左右位置，左右对准炉眼正中，上下对准炉眼中上部，然后喷料，物料喷完之后及时停止，不可向炉眼中喷入空气；

⑧ 炉眼堵住之后视情况用堵头清理一下炉眼并对炉眼进行夯实；

⑨ 交接班时必须保证智能机器人本体各轴以及大车运行无异常，智能机器人及其相关区域清理干净，各功能工具状态良好，烧穿器和铜母线绝缘良好，碳棒长度满足烧穿需求，上电机构动作正常；

⑩ 设备检修必须先进行断电，拍下设备急停按钮，然后在操作台和现场急停按钮盒上挂牌，方可检修。

（4）交接班时按照附录 1《生产交接班管理制度》的规定进行。

2.4.2.3 停止出炉

（1）停止出炉操作程序

当电石出炉完成后，应进行以下操作：

① 用堵眼器封堵炉眼；

② 把炉舌上的电石清理干净；

③ 启动卷扬机把电石锅拖运至冷却厂房，清理炉眼下方的电石时确认卷扬机急停拍下，翻牌示意；

④ 关闭该炉眼的除尘翻板，开启下一炉的除尘翻板；

⑤ 准备下一炉出炉操作。

（2）停止出炉安全操作要求

① 堵炉前应准备好电石渣；

② 在出炉完毕倒锅过程中炉眼下方至少摆放1口空电石锅；

③ 停出炉后智能机器人归零操作，按下现场急停按钮，并挂牌。

2.4.2.4 异常情况处理

（1）故障处理

出炉常见故障及处理方法见表2-2。

表 2-2　出炉常见故障及处理方法

常见故障	现象	原因	处理方法
堵眼器无法进行堵眼操作	堵眼过程中大炮料渣未喷出	1）料渣颗粒较大，堵塞料斗出口 2）电磁阀信号故障 3）气源压力不足	1）必须使用破碎粒度合格的电石渣 2）联系机械手仪表检查修复 3）检查气路阀门是否打开
智能机器人无法动作	1）电机保护回路故障 2）电机禁能 3）伺服故障	智能机器人在抓取工具、带钎作业过程中电机过电压，伺服电机过力矩	先断开钥匙开关，将网线拔出，等待10s后，接通钥匙开关，待触摸屏启动后屏幕显示从站数据丢失，先进行复位，然后插入网线

续表

常见故障	现象	原因	处理方法
安全光电报警	安全光电报警，智能机器人无法动作	1）安全光电信号线故障 2）因外界原因导致安全光电对射不成功，信号灯异常 3）智能机器人在启动状态下，操作工进入智能机器人操作区域，或有物体遮挡信号线	1）联系智能机器人仪表工检查信号线 2）联系班长调整安全光电角度，使信号灯显示正常，然后按下现场复位按钮 3）联系班长确认操作区域无人后现场进行复位
工具夹爪开关位信号异常	工具夹爪开关位信号异常	1）气源压力不足 2）工具夹爪信号线故障	1）通知智能机器人仪表工检查气源管有无漏气或气源压力是否正常 2）通知智能机器人仪表工检查信号线接触是否良好、有无破损或断裂，进行修复
PLC连接失败	PLC连接失败	1）网线接触不良 2）光纤转换器故障	1）通知仪表工检查网线 2）通知仪表工排除故障
炉底发红	炉底温度高、发红	1）长期电极插入过深 2）长期炉底通风道堵塞，不通风，导致炉底温度过高 3）炉底砌筑质量不合格	1）严格控制电极工作端长度，保证合适入炉深度 2）经常检查炉底通风情况，保证炉底温度不要过高 3）砌筑炉底质量验收严格按照标准验收
出炉困难	1）电石流出困难且发黏 2）电石流出困难且伴有渣子	1）炉料配比过低，且入炉较浅 2）炉料配比过高	1）适当提高炉料配比 2）适当降低炉料配比 3）加强出炉
炉眼堵不上	出炉完成后无法封堵炉眼	1）炉内温度低，电石发气量低 2）炉眼维护不好	1）调整配比，提高炉温 2）按照要求的尺寸维护炉眼

续表

常见故障	现象	原因	处理方法
跑眼	液体电石突然自炉眼流出	1）炉眼深度过浅，在铁水冲击下跑眼 2）发气量过低，导致电石变稀，黏结性变差 3）炉眼维护不好，有凹槽 4）岗位人员责任心不强，操作技能差 5）炉内有积存电石	1）加强炉眼维护 2）及时调整炉料配比，提高电石质量，稳定料层结构，稳定负荷 3）加强堵眼技能培训及岗位练兵，提高操作技能水平 4）每炉按出炉时间节点进行出炉操作，达到投料量与出料量出入平衡
炉眼上方冒火	炉眼上方形成空洞，持续向外冒火	1）炉眼维护不到位 2）炉眼上方料面结壳	1）炉眼封死，重新开炉眼 2）利用处理料面时着重处理冒火上方料面
炉眼打不开	利用烧穿器烧不开炉眼	1）炉内温度低 2）找错眼位 3）炉底积存杂物多，炉底升高	1）调整配比，提高炉温 2）堵炉眼，找准位置重新开眼 3）适当上抬炉眼位置，重新开眼

（2）紧急停车

① 遇到下列紧急情况时，可以不经请示，直接采取紧急停车措施：

a. 炉眼封堵不住时；

b. 一楼通水冷却设备漏水，有较大安全隐患时；

c. 电石炉炉壁严重烧穿，影响正常操作时；

d. 一楼机器人气源断气时；

e. 卷扬机突然断电或动力电调停时。

② 紧急停车步骤

a. 通知主控人员进行紧急停车；

b. 切断出炉口冷却设备水路。

（3）紧急停车安全操作要点

出炉口漏水发生爆炸时，应立即断开冷却水水源，将满锅电石拉离现场。

2.4.2.5 日常检查与维护

（1）检查炉壁有无发红现象，炉门框和炉舌是否漏水或松脱，炉体（包括炉底）是否过热发红，冷却水是否畅通；

（2）烧穿出炉口的时间要适当控制，通电时间不宜过长，避免将母线及绝缘胶皮破坏；

（3）检查钢丝绳有无断裂，绳卡是否坚固、打结、交缠或碰到障碍物，钢绳有断股时须及时更换；

（4）检查出炉轨道是否变形，所有滑轮是否正常灵活；

（5）卷扬机绳筒、轴瓦及减速器、出炉小车应定期加油润滑；

（6）检查炉底风机是否在远程状态。

2.4.2.6 电器仪表日常检查

（1）注意观察检测仪表指针是否脱落或者弯曲、显示是否正常。

（2）注意观察仪表盘上的二次表与现场一次表之间是否出现较大差异，二次表上手动控制是否有效，报警信号是否灵敏、正确。

（3）注意压缩空气压力是否在正常范围内。

（4）注意观察调节阀有无反应延迟等失效表现。

（5）注意观察电流表是否完好，电机运行的声音、温度、振动是否正常，运行电流是否超过额定电流，照明是否正常。

（6）随时注意电器的工作状态，当电器不能正常工作时，要及时进行处理和报告，并做好相应的记录。

2.4.2.7 职业卫生

（1）岗位职业危害因素

本岗位可能存在的主要职业危害因素见附录3。职业危害因素检测结果应该符合工作场所有害因素职业接触限值的要求。

（2）防护措施

① 正确穿戴劳动防护用品；

② 个人防护用品的配备可参照附录4。

（3）急救药品的配置

急救药品的数量和品种应根据岗位实际需要配备，一般情况可参照附录5配置，并且应设专人管理，保证药品的基本数量和有效期。

2.4.2.8　检修

设备的检修按照附录2《设备检修交付工作制度》的规定执行。

第3章　冷破工序岗位安全操作

3.1　冷破工序概述

冷却破碎工序主要是将电石炉出炉后的 1800℃ 左右的液态电石在厂房内进行自然冷却后，进行破碎、检验分析、分级包装、入库贮存。

冷破工序有起重岗位及破碎岗位。

起重人员负责从电石锅内吊出凝固的电石，并将凝固的电石吊运至摆放地点有序排列，待电石自然冷却后，电石表面温度在 70℃ 以下，起重人员协助破碎岗位吊运电石。

破碎人员主要通过人工或机械将冷却后的电石破碎到工艺要求的粒度，并按照检验分析结果，分级用钢桶进行包装，入库贮存。

3.2　工艺流程简述

用双梁桥式起重机将冷却凝固后的电石吊出电石锅，在冷却厂房有序排列，自然冷却到 70℃ 以下，用破碎机将电石破碎到要求的粒度，检验分析，按照电石发气量进行分级包装，入库贮存。

3.3　主要工艺设备

本工序主要工艺设备有双梁桥式起重机、颚式破碎机、电石锅等。

3.4　岗位的安全操作

3.4.1　开车

3.4.1.1　开车准备

（1）按照双梁桥式起重机安全操作规程规定的开车前的检查项目，逐项进行检查，确认起重机各防护门关闭，限位器运行可靠，行车试运行正常。

（2）按照颚式破碎机操作规程中的要求，做好开车前的准备，载荷运行正常。

（3）电石破碎工具齐全。

3.4.1.2　开车程序

将冷却凝固后的电石吊出电石锅，在冷却库房有序排列，待自然冷却至70℃以下时，启动双梁桥式起重机，启动颚式破碎机，将电石吊运到颚式破碎机进料斗，破碎至50～100mm的粒度，抽样进行分析，按照电石发气量分级装桶，入库贮存。

3.4.1.3　开车安全操作要点

（1）破碎岗位人员及包装岗位人员应严格穿戴好劳动防护用品，防止电石飞溅及烫伤事故发生，尤其重视电石粉尘的防护。

（2）应认真检查破碎工具是否完好。

（3）颚式破碎机防护罩应完好。

（4）包装使用的电石桶应严格检查，桶内应干燥，无电石粉末及其它杂物。

3.4.2　正常运行

3.4.2.1　正常运行安全操作要点

（1）冷热电石应分区堆放和操作，防止炽热电石伤人。

（2）电石应冷却到 70℃ 以下，方可进行破碎，防止因冷却时间不足而在破碎时造成烫伤事故。

3.4.2.2　颚式破碎机

（1）破碎机在运行时，若发生破碎腔内物料堵塞，应立即停止给料，然后关闭电动机，将物料清除后方可再次启动电动机。

（2）禁止在运转时进行维修。

3.4.2.3　双梁桥式起重机

（1）工作间歇时，不得将起重物悬在空中停留。

（2）运行中，地面有人或落放吊物时应打铃警告，严禁吊物在人头上越过，吊运物件离地不得低于 2m。

（3）行驶时注意轨道上有无障碍物。

（4）应在规定的安全走道、专用站台行走和扶梯上下；大车轨道两侧除检修外不准行走；小车轨道上严禁行走；不准从一台行车跨越到另一台行车。

（5）起吊物件妨碍司机视线时，应设专人监视和指挥。

（6）不准用反车代替制动、限位器代替停车。

（7）起重机运行时，严禁有人上下。

（8）起重机带重物运行时，重物最低点离重物运行线路上的最高障碍物至少 0.5m。

（9）严禁在运行时进行检修和调整机件。

（10）必须将现场电石粉尘及时清理，集中存放。

3.4.2.4　生产运行记录

（1）当班电石破碎量。

（2）电石抽检分析数据。

（3）电石各等级数量。

（4）电石包装量、钢桶的使用数量。

（5）重复使用的电石桶的检查记录。

（6）电石车辆装车安全条件确认卡检查并记录。

（7）电石贮存数量。

3.4.2.5 巡检要求和记录

（1）按颚式破碎机和双梁桥式起重机的操作规程规定的日常检查项目每 1h 进行一次检查，并做好记录。

（2）检查冷却厂房内是否有积水、漏雨等异常情况。

（3）检查地面有无堆积电石粉尘。

（4）检查冷却电石摆放区是否有电石等级标识。

3.4.2.6 交接班

交接班时按照附录 1《生产交接班管理制度》的规定进行。

3.4.3 停车操作

3.4.3.1 停车操作程序

接到停车指令后按以下步骤操作：

① 停止向颚式破碎机中进料；

② 待颚式破碎机中电石破碎完后，按下破碎机停止按钮；

③ 切断破碎机电源；

④ 双梁桥式起重机吊钩升至接近上极限 2m 处；

⑤ 将双梁桥式起重机起重小车停放在主梁离大车滑触线的另一端 2m 处；

⑥ 把双梁桥式起重机大车开到固定停放位置，起重机进出口位置上下平台口位置必须平齐；

⑦ 将双梁桥式起重机所有控制器手柄应回零位，将紧急开关扳转断路，拉下刀闸开关，关闭司机室门后下车。

3.4.3.2 停车安全操作要点

（1）应在破碎机中无物料时方可停机。

（2）禁止桥式双梁起重机停机后仍在空中有悬吊挂具、吊物等任何物品。

（3）系统控制手柄应打至零位。

（4）电石空桶码放整齐，不会受潮、进水。

3.4.4　异常情况处理

3.4.4.1　故障处理

（1）双梁桥式起重机异常情况处理见第 8 章设备操作规程。

（2）颚式破碎机异常情况处理见第 8 章设备操作规程。

3.4.4.2　紧急停车

出现下列紧急情况时，可采取紧急停车措施：

① 破碎机破碎时腔内物料严重堵塞；

② 破碎电石飞溅伤人；

③ 起重机刹车失灵。

3.4.4.3　紧急停车步骤

（1）按下起重机、破碎机的停止按钮，拉下电源开关。

（2）向班长汇报急停原因及目前状况。

（3）配合相关人员处理现场。

3.4.4.4　紧急停车安全操作

（1）双梁桥式起重机刹车失灵时可采用倒挡进行停车。

（2）颚式破碎机堵塞时应立即进行停车，清理干净方可再次运行。

3.4.5　日常检查及维护

3.4.5.1　颚式破碎机

（1）按照颚式破碎机操作规程中的日常检查和基本维护要求进行检查维护。

（2）坚持做好设备外部清洁工作，每班对电机上的积灰进行清除，避免散热不良而烧坏电机。

（3）破碎机使用一段时间（一般一周左右）后，对紧固件进行全面检查和紧固。

3.4.5.2　双梁桥式起重机

（1）检查钢丝绳、吊钩是否符合安全运行要求，否则应立即进行更换。

（2）检查轴承是否完好，运行时温度是否超过限值。

（3）卷筒沟槽和滑轮凸缘是否完好，运行正常。

（4）联轴节检查是否牢固地固定在轴上，联节两半联轴节用的螺栓是否旋紧，有无松动以及在工作时是否有跳动等现象。

3.4.5.3　电石的包装、运输

（1）包装是否使用破损的钢桶。

（2）电石桶外加贴安全标签、运输标志。

（3）运输电石的工具有防雨防水设施。

（4）不允许打开或损坏的桶装电石存放在电石库。

3.4.6　电器仪表日常检查

（1）检查电子吊钩秤是否完好，显示是否准确。

（2）桥式双梁起重机安全保护装置控制是否灵敏、准确，运行是否平稳正常。

（3）电机运行声音、温度、振动是否正常，运行电流是否超过额定电流，照明是否正常。

（4）随时注意电器的工作状态，当电器不能正常工作时，要及时进行处理和报告，并做好相应的记录。

3.4.7　职业卫生

3.4.7.1　岗位职业危害因素

本岗位可能存在的主要职业危害因素见附录 3。职业危害因素检测结果应该符合工作场所有害因素职业接触限值的要求。

3.4.7.2　防护措施

（1）正确穿戴劳动防护用品。

（2）起重机操作室应配备空调。

（3）个人防护用品的配备可参照附录 4。

3.4.7.3　急救药品的配置

急救药品的数量和品种应根据岗位实际需要配备，一般情况可参照附录 5 配置，并且应设专人管理，保证药品的基本数量和有效期。

3.4.8　检修

设备的检修按照附录 2《设备检修交付工作制度》进行。

第4章 炉气除尘系统安全操作

4.1 炉气除尘系统概述

炉气除尘系统主要是将电石炉产生的炉气，通过炉气管道经空气冷却器冷却，通过布袋除尘器除尘后达标排放，收集下的粉尘循环综合利用。

4.2 工艺流程简述

净化：电石炉炉气在风机作用下，通过通水烟道输送至净化系统，通过降温、沉降后，分离出部分灰尘，降温后的炉气通过高温布袋过滤器将炉气中粉尘含量降低到 $50\mathrm{mg/m^3}$ 后，干净炉气输送至气烧石灰窑或排空点燃，达到环保目的。

散点除尘：原料输送或出炉过程中产生的含尘烟气，在离心风机作用下，进入布袋过滤仓，通过过滤进行固气分离，达到抑尘的目的。

4.3 主要设备

本岗位主要工艺设备有炉气管道、空气冷却器、离心风机、布袋除尘器、星型卸料器、链板式输送机、物料发送器、储气罐等。

4.4 岗位的安全操作

4.4.1 开车

4.4.1.1 开车前准备

（1）确保水冷烟道蝶阀关闭、送气阀关闭，其余炉气管道阀门全开。

（2）系统置换：通知调度，使用氮气对净化系统进行置换。打开氮气总阀和各仓体氮气置换阀，将刮板机两头和储灰仓的氮气阀门开 30°，置换合格。

（3）检查粗气风机、净气风机、空冷风机的油位在 2/3 以上。检查 6 个卸灰阀、刮板机、3 个反吹风机上的减速机是否缺油。

（4）检查净气烟道冷却水回水是否正常。

（5）对各风机进行盘车，确保运转正常。

4.4.1.2 开车程序

（1）依次手动启动除尘器及星型卸料器进行卸灰操作。

（2）通知电炉主控人员启动清、卸灰自动控制系统，现场操作人员开启反吹风机。

（3）待清灰系统运行正常后，打开风机出口阀门，通知主控室打开配风阀的 1/3，开启主引风机，关闭配风阀。

4.4.1.3 开车安全操作要点

（1）电石炉挡位降至 1 挡时，打开离烟道最远的炉门。

（2）风机频率设定为 5Hz。

（3）打开水冷烟道蝶阀，5min 后关闭炉门。

（4）通知配电工关闭荒气烟道蝶阀，电石炉升负荷。根据炉压设定风机频率，将炉压控制在 $-5\sim10$Pa。

（5）待负荷升起、炉压稳定后，将变频 PID 点开（气动调节阀调整），关闭 6 个仓氮气阀。

（6）适当调节储灰仓、刮板机机头机尾氮气阀门，保持在指标之内，以能听到氮气气流声为宜。

（7）投入气力输灰系统。

4.4.2　正常运行

4.4.2.1　正常运行安全操作要点

（1）电石炉正常生产过程中禁止负压操作。

（2）任何情况下，开启荒气烟道碟阀时，必须通知石灰窑。

（3）炉内氢、氧含量超标时，通知值班长进行处理。

（4）停车后，必须打开各置换点氮气阀门，对净化装置进行置换，置换合格。

（5）在电石炉停炉后，严禁启动净化装置净气风机、粗气风机，避免因氧气进入布袋仓造成仓内布袋燃烧。

（6）在电石炉钎测电极时，炉压控制在 $-20Pa$，观察电石炉炉压，炉压稳定在负压时通知巡检工开始测量电极，测量人员必须穿戴好劳保防护用品，在炉压波动较大、炉况不稳定时严禁测量电极。

4.4.2.2　生产运行记录

（1）进入炉气除尘器炉气的温度、压力。

（2）布袋除尘器设备运行状况、故障情况、维修处理措施。

（3）粉尘量、卸灰时间。

4.4.2.3　巡检要求和记录

每小时对岗位设备进行一次巡检并做好记录。

4.4.2.4　交接班

交接班时按照附录 1《生产交接班管理制度》的规定进行。

4.4.3　停车

4.4.3.1　停车程序

（1）当电石炉挡位降至最低挡位时，配电工打开荒气烟道碟阀，净化工关闭水冷烟道碟阀。

（2）打开氮气阀门对系统进行置换。

（3）停止净化风机。

（4）卸灰系统停止、输灰系统退出。

4.4.3.2　停车安全操作要点

（1）在电炉停车后，本岗位应继续运行 1h 后，方可停车。

（2）停车前应保证所有输送设备内无集灰。

4.4.4　异常情况处理

4.4.4.1　故障处理

炉气除尘系统常见故障及处理方法见表 4-1。

表 4-1　炉气除尘系统常见故障及处理方法

常见故障	现象	原因	处理方法
卸灰阀不工作	打开卸灰阀开关后，卸灰阀不动作	1）电机烧坏 2）卡死 3）电机及减速机键槽或键条磨损	1）更换烧毁的电机 2）打开卸灰阀，将卡塞的异物取出后进行手动盘车，确认无其它异常后将卸灰阀安装到位，螺丝紧固后重新启动 3）更换减速机或电机，更换键条
拉链机不除灰	拉链机运行，但不能正常除灰	1）链条拉断 2）链条跑偏、卡塞 3）减速机键槽磨损	1）检查更换链条 2）调整链条平衡 3）更换减速机
仓泵压力不降	仓泵压力不降	1）气力输送管线堵塞 2）阀门不动作	1）疏通管道 2）检查阀门
粗、净气风机跳停	粗、净气风机运行过程中跳停	1）过载 2）电器故障	1）通知配电工打开荒气烟道碟阀泄压，紧急切气。通知调度、石灰窑及气柜 2）联系配电工检查原因，排除故障

常见故障	现象	原因	处理方法
防爆膜爆裂	净化装置防爆膜突然爆裂	净化系统内部进入氧气	1）净化系统紧急停车，紧急切气 2）电石炉配电工打开荒气烟道蝶阀 3）净化操作人员佩带正压式空气呼吸器后打开氮气阀门置换，防止发生二次爆炸 4）疏散净化装置周边人员，设立警戒区域，直至故障排除

4.4.4.2 紧急停车

出现下列情况时，应采取紧急停车措施：

① 净化系统突然断电；

② 防爆膜爆裂；

③ 氧含量超标；

④ 粗气、净气风机调停；

⑤ 一氧化碳泄漏；

⑥ 工控机 2 台以上蓝屏；

⑦ 滤袋损坏、脱落，影响除尘效果。

4.4.4.3 紧急停车步骤

当净化系统粗气风机、净气风机发生故障停机或氢气、氧气严重超标时，配电工需打开荒气烟道碟阀；净化工关闭水冷烟道碟阀，净化系统停车。

（1）通知配电工打开荒气烟道碟阀，通知石灰窑紧急切气。

（2）关闭水冷烟道总阀。

（3）停风机。

（4）通知调度及相关人员。

（5）查明原因并做好记录。

4.4.4.4 紧急停车安全操作

（1）关闭水冷烟道总阀。

（2）停风机。

（3）输灰系统退出。

4.4.5　日常检查与维护

（1）减速机、输灰装置等机械运动部件定期加油，发现有不正常现象应及时排除。

（2）定期检查气缸及各法兰面情况，如发现漏气，及时更换密封圈。

（3）链板式输送机上的密封条有老化，应及时更换。

（4）定期检查气路系统、排灰系统工作情况，发现异常及时排除。

4.4.6　电器仪表日常检查

（1）注意观察检测仪表指针是否脱落或者弯曲、显示是否正常。

（2）注意观察仪表盘上的二次表与现场一次表之间显示数据是否出现较大差异，二次表上手动控制是否有效，报警信号是否灵敏、正确。

（3）注意压缩空气压力是否在正常范围内，自动调节阀、气缸等有无反应延迟等失效表现。

（4）注意观察电流表是否完整，电机运行的声音、温度、振动是否正常，运行电流是否超过额定电流，照明是否正常。

（5）随时注意电器的工作状态，当电器不能正常工作时，要及时进行处理和报告，并做好相应的记录。

4.4.7　职业卫生

4.4.7.1　岗位职业危害因素

本岗位可能存在的主要职业危害因素见附录 3。职业危害因素检测结果应该符合工作场所有害因素职业接触限值的要求。

4.4.7.2　防护措施

（1）正确穿戴劳动防护用品。

（2）个人防护用品的配备按照本行业规定进行穿戴。

4.4.7.3　急救药品的配置

急救药品的数量和品种应根据岗位实际需要配备，一般情况下可参照附录 5 配置，并且应设专人管理及补充使用记录，保证药品的基本数量和有效期。

4.4.8　检修

设备检修按照附录 2《设备检修交付工作制度》进行。

第5章　循环水系统安全操作

5.1　循环水系统概述

循环水系统主要负责电石炉装置、石灰窑及消防用水，并满足各生产岗位用水的水质、水压、水温、水量的要求。

5.2　供水流程

原水经深井泵将合格工业水（浊度≤20FTU）送蓄水池，工业水经循环泵送入各用水点。热水池的循环水经热水泵送到冷却塔降温后，送至电石炉装置（如炉盖设备），回流至热水池后再加压送到冷却塔冷却。

5.3　主要设备

本岗位主要设备有深井泵、热水泵、循环泵、消防泵、冷却塔。

5.4　岗位的安全操作

5.4.1　开车

5.4.1.1　开车准备

（1）工艺确认

① 循环水补水水质合格；

② 检查排污阀已关闭；

③ 确认各点的液位已补充到具有启泵的条件。

（2）设备、电气仪表确认

① 检查阀门各零部件应完好无损，各紧固件应紧固；

② 阀门开关灵活；

③ 轴承充好油，油位正常，油质合格；

④ 转动机组的联轴器，有无卡阻和盘不动车的现象，声响是否正常；

⑤ 检查各仪表附件是否完好；

⑥ 启泵前检查电源开关及电机绝缘；

⑦ 检查泵的电压是否是 380V。

5.4.1.2　开车程序

（1）依次启动深井泵、向蓄水池送水。

（2）待蓄水池水位达到 2.7m 以上时，启动供水泵，向循环水池供水。

（3）通知各用水部门做好供水准备，待各点的循环水池液位到工艺指标液位时，启动各点的热水泵，循环回水回流至热水池。

（4）启动冷却塔。

5.4.1.3　开车的安全操作要点

（1）开车时防止操作顺序错乱，导致水溢流或液位过低损坏设备。

（2）逐步调整热水泵阀门、回水阀门及循环水泵阀门，使热水池、循环水池水位达到平衡。

（3）开启进水阀门，调节好进水调节阀的开度，尽量使各设备的进水量均衡，避免出现设备负荷不平衡。

（4）备机盘车每班一次，运行泵每月切换一次，定期润滑保养。

5.4.2 正常运行

5.4.2.1 正常运行安全要点

（1）循环水池内定量加入缓蚀阻垢剂（加入量由技术部门提供），记录加药重量和时间。每班巡视加药泵是否工作正常，保证缓蚀阻垢剂连续不断地滴加。

（2）定期检测水质情况，并根据水质情况排放一定量循环水并补充新鲜水，保证循环水钙镁离子在允许范围内。

（3）热水池每周加一次杀菌灭藻剂（加入量由技术部门提供）。

（4）蓄水池水位接近下限位置时，报告班长同意后启动深井泵送水到蓄水池。

（5）供水泵切换时须保证供水量达到生产需求，并先启动备用泵后再停原运行水泵，水压变化控制在±0.2MPa范围内。启动泵前先开进水阀，后开出水阀，停泵应先关出水阀后关进水阀。

5.4.2.2 生产运行记录

（1）所有水泵运行电流。

（2）投加水处理药品种类、时间。

（3）循环水泵水压、水温，流量。

（4）做好设备检查记录及联系维修记录。

5.4.2.3 巡检要求和记录

每小时对岗位设备进行一次巡检并做好记录，有异常情况及时反馈。

5.4.2.4 交接班

交接班时按照附录1《生产交接班管理制度》的规定进行。

5.4.3 停车

5.4.3.1 停车操作程序

（1）在确认蓄水池水量正常情况下停深井泵。

（2）停蓄水池送水泵。

（3）依次停各循环水岗位，塔风机、热水泵。

5.4.3.2 停车安全操作要点

（1）严格按照停车顺序进行操作。

（2）停车后应把循环水泵、热水泵、变压器水泵进出水阀门关闭，以防再次启动时误操作，导致超负荷引起电极损坏。

（3）停车较长时间后应进行手动盘车，检查水泵转动是否灵活。

（4）各水泵在停车时应缓慢关闭出口阀，方可停泵。

（5）在停车工程中应保持热水池及循环水池水位平稳，防止溢流。

5.4.4 异常情况处理

5.4.4.1 故障处理

水泵常见故障及处理方法见表5-1。

表5-1 水泵常见故障及处理方法

序号	现象	原因	处理方法
1	水泵流量不足或不出水	1）水泵内有空气 2）水泵的密封圈零件损坏 3）填料处漏气 4）水泵转速太低，电压是否太低 5）叶轮、进水口、管道堵塞 6）叶轮磨损过大 7）电机转向不对，叶轮中心线未浸入液内	1）打开排空阀门排气 2）更换密封圈 3）填料上涂些黄油，拧紧填料压板 4）升高电压 5）清除杂物 6）换叶轮，并检查轴承磨损 7）调整相位
2	水泵扬程不足	1）叶轮损坏 2）转速不足 3）输液内含有气体	1）更换叶轮 2）检查电压、电机是否正常 3）降低液体温度排除气体
3	水泵轴承发热	1）主轴与电机轴不同心 2）轴承盖缺油或油变质	1）调整同心度 2）加油或换油

序号	现象	原因	处理方法
4	水泵功率过载	1）介质密度过大 2）流量超过使用范围 3）产生机械摩擦	1）更换较大功率电机 2）按使用范围工作 3）检查调整或更换磨损部件
5	水泵有振动或杂音	1）主轴与电机轴不同心 2）转子不平衡 3）螺母有松动现象 4）输液内含有气体或脱液运转 5）水轴承与轴颈磨损过大	1）调整同心度 2）更换转子 3）拧紧各部位螺母 4）降低液温、排除气体、叶轮入液内 5）更换水轴承

5.4.4.2 紧急停车

发生下列情况，可以采取紧急停车措施：

① 水池水位过低无法保证正常运行；

② 输水管道发生爆裂严重漏水，无法控制时。

5.4.4.3 紧急停车步骤

（1）按下各泵停止按钮。

（2）向调度、车间领导、用水部门汇报急停原因。

（3）配合相关人员处理现场。

5.4.4.4 紧急停车安全操作

停车后立即通知循环水使用部门。

5.4.5 日常检查与维护

（1）检查并随时添加水泵润滑油。

（2）检查运转机构是否灵活，水泵轴承温度是否过高，电机有无异响，机座是否松动。密封是否完好，有无滴漏现象。

（3）每周检查一次仪表接线是否松动。

（4）检查各水池水位是否正常，异常时及时调整。

（5）随时检查水质是否达标。

5.4.6　电器仪表日常检查

（1）注意观察检测仪表指针是否脱落或者弯曲、显示是否正常。

（2）注意观察仪表盘上的二次表与现场一次表之间是否出现较大差异，二次表上手动控制是否有效，报警信号是否灵敏、正确。

（3）注意观察电流表是否完好，电机运行的声音、温度、振动是否正常，运行电流是否超过额定电流，照明是否正常。

（4）随时注意电器的工作状态，当电器不能正常工作时，要及时进行处理和报告，并做好相应的记录。

5.4.7　职业卫生

5.4.7.1　岗位职业危害因素

本岗位可能存在的主要职业危害因素见附录 3。职业危害因素检测结果应该符合工作场所有害因素职业接触限值的要求。

5.4.7.2　防护措施

（1）正确穿戴劳动防护用品。

（2）个人防护用品的配备可参照附录 4。

5.4.7.3　急救药品的配置

急救药品的数量和品种应根据岗位实际需要配备，一般情况可参照附录 5 配置，并且应设专人管理，保证药品的基本数量和有效期。

5.4.8　检修

设备的检修按照附录 2《设备检修交付工作制度》进行。

第6章　空压站安全操作

6.1　空压站概述

空压站岗位主要是负责为生产系统提供合格的压缩空气和氮气。

6.2　供气流程

离心式空气压缩机或螺杆式空气压缩机吸气进行压缩，压缩机压缩后的气体分别送至空气缓冲罐，空气缓冲罐的一部分经过微热再生干燥机后，进入工艺气、仪表气储罐至外管网供用户使用；另一部分经冷冻除湿、变压吸附后制出氮气，供用户使用；空气缓冲罐气体经过组合式干燥机后，进入工艺气、仪表气储罐供外网使用。

6.3　主要设备

空压站主要工艺设备有离心式空气压缩机、螺杆式空压机、冷冻式空气干燥机、微热再生吸附式干燥机、组合式干燥机、塔风机、循环水泵、空气缓冲罐及管道阀门等。

6.4 岗位安全操作

6.4.1 开车

6.4.1.1 开车前的准备工作

(1) 工艺确认

① 检查冷却器进水阀、出水阀是否打开，检查管线是否畅通、均匀，循环水压力保持在 0.15～0.4MPa；

② 检查制氮装置；

③ 检查冷冻式空气压缩干燥机的循环水；

④ 检查各储罐的进出气阀门。

(2) 设备、电气、仪表确认

① 检查设备、储罐压力表是否完好；

② 各设备螺栓有无松动；

③ 离心式空气压缩机、螺杆式空压机、联轴器盘车有无卡阻；

④ 点动设备转向是否正确；

⑤ 离心式空气压缩机、螺杆式空压机油位是否正确；

⑥ 检查各电磁阀是否完好；

⑦ 清理设备上的障碍物，固定好防护罩；

⑧ 检查冷却供水是否正常；

⑨ 检查供电系统是否正常。

6.4.1.2 开车程序

通知调度→循环水内外循环补水→关闭冷却塔上下水阀门→打开旁通阀→启动循环泵→内循环水置换→打开冷却塔上下水，关闭旁通阀→启动喷淋泵→启动螺杆式空压机→启动离心式空压机→启动微热再生吸附式干燥机、组合式干燥机→启动冷冻式空气压缩干燥机→启动制氮机→启动冷却塔

6.4.1.3　开车安全操作要点

（1）在开车过程中应逐步调整压缩空气出口阀门，调节空气压力在控制范围内。

（2）确保离心式空压机冷凝水排放阀已打开。

6.4.2　正常运行

6.4.2.1　正常运行安全操作要点

（1）每小时打开空气缓冲罐排水阀排水。

（2）当冷凝液无法正常排出时，应进行手动排放，每 2 小时一次。

6.4.2.2　生产运行记录

（1）记录空压机运行压力、排气温度。

（2）及时记录冷干机入口温度、制冷温度、冷却水温度、空气出口温度等。

6.4.2.3　巡检要求和记录

每小时对岗位设备进行巡检，并做好记录。

6.4.2.4　交接班

交接班时按照附录 1《生产交接班管理制度》的规定进行。

6.4.3　停车

停车时按以下程序操作。

（1）停制氮机→停微热再生吸附式干燥机→停离心式压缩机→停螺杆式空压机→停组合式干燥机→停自洁式过滤器→停循环水→停喷淋泵→停塔风机

（2）通知用气部门。

6.4.4　异常情况处理

6.4.4.1　故障处理

（1）空气压缩机

空气压缩机常见故障及处理方法见表 6-1。

表 6-1　空气压缩机常见故障及处理方法

序号	常见故障	原因	处理方法
1	无法启动	1）保险丝烧毁	电气人员检查更换
		2）保护继电器动作	
		3）启动继电器故障	
		4）电压太低	
		5）电动机故障	
		6）欠相保护继电器动作	
		7）压缩机主机故障	拨动联轴器，若无法转动时，请联系供货厂家
2	运转电流高压缩机自行跳闸	1）电压太低	电气人员检查更换
		2）排气压力太高	检查排气压力设定值
		3）润滑油规格不准确	检查油牌号，使用正确油品
		4）油气分离器滤芯堵塞	更换油气分离器滤芯
		5）压缩机主机故障	拨动联轴器，若无法转动时，请联供货厂家
3	转运电流低于正常值	1）空气消耗量太大（压力在设定值以下转运）	检查消耗量
		2）空气滤清器堵塞	清洁或更换
		3）卸荷阀动作不良	拆卸清洗检查
4	排气温度低于正常值	1）长期低负荷	增加空气消耗量
		2）温度控制阀失灵（冷冻机组）	拆下检查或更换
		3）温度表损坏失灵	拆下检查或更换
		4）热电偶失灵	拆下检查或更换

续表

序号	常见故障	原因	处理方法
5	压缩机不加载	1）气管路上压力超过额定负荷压力，压力调节器断开	不必采取措施，气管路上的压力低于压力调节器加载（位）压力时，压缩机会自动加载
		2）电磁阀失灵	拆下检查，必要时更换
		3）油气分离器与卸荷阀间的控制管路上有泄漏	检查管路及连接处，若有泄漏则需修补
		4）组合阀膜片损坏	拆下检查，更换膜片
		5）卸荷阀动作不良	拆卸清洗检查
		6）组合阀阀芯卡死，打开放空	拆下检查，必要时更换
6	压缩机无法空载	1）加载压力卸载压力设定错误	重新设定该两项参数，保证卸载压力与加载之差至少应为 0.5MPa
		2）卸荷阀动作不良或未完全关闭	拆卸清洗检查
		3）电磁阀失灵	拆下检查，必要时更换
		4）组合阀阀芯卡死，无法打开放空	拆下检查，必要时更换
7	空气中含油量高，润滑油添加周期缩短	1）油位过高	检查油位，卸除压力后排油至正常位置
		2）油气分离器滤芯失效	拆下检查或更换
		3）泡沫过多	更换推荐牌号的油
		4）油气分离器滤芯回油管管接头处限流孔堵塞	清洗限流孔
		5）用油不对	更换推荐牌号的油

序号	常见故障	原因	处理方法
8	噪声增高	1）进气端轴承损坏	拆下更换
		2）排气端轴承损坏	
		3）电机轴承损坏	
9	排气量、压力低于规定值	1）耗气量超过排气量	检查相连接的设备，清除泄漏点或减少用气量
		2）空气滤清器滤芯堵塞	拆下检查，必要时应清洗或更换滤芯
		3）安全阀泄漏	拆下检查，如修理后仍不密封则更换
		4）压缩机效率降低	与制造厂联系，协商后检查压缩机
		5）油气分离器与卸荷阀间的控制管路上有泄漏	检查管路及连接处，若有泄漏则需修补
		6）组合阀膜片损坏	拆下检查，更换膜片
		7）油气分离器滤芯堵塞	拆下检查，必要时则更换
10	停车后空气油雾从空气滤清器中喷出	1）压缩机单向阀泄漏或损坏	拆下检查，有必要则更换，并应同时更换空气滤清器滤芯
		2）负载停机	检查卸荷阀是否卡死
		3）停机时压力阀不放空	检查组合阀芯是否卡死
11	停车后空气过滤器中喷油	断油阀堵塞	拆下检查清洗，并更换空气滤清器滤芯
12	运行过程中不排放冷凝液	1）排放管堵塞	检查并疏通
		2）自动排水电磁阀堵塞或失灵	拆下检查或更换
13	加载后安全阀马上卸放	安全阀失灵	拆下检查换损坏的零部件

续表

序号	常见故障	原因	处理方法
14	压缩机运转正常，停机后启动困难	1）使用油牌号不对或用混合油	彻底清洗后，使用正确的润滑油品
		2）油质黏、结焦	彻底清洗后，使用正确的润滑油品
		3）轴封严重漏气	拆下更换
		4）卸荷阀瓣原始位置变动	重新调整位置
15	卸荷后压力继续上升	1）轴封严重漏气	拆下更换
		2）卸荷阀瓣原始位置变动	重新调整位置
16	空、负载频繁	1）管路泄漏	检查泄漏位置并修复
		2）加载压力、卸载压力设定错误	重新设定该两项参数，保证卸载压力与加载压力之差至少应为 0.5MPa
		3）空气消耗量不稳定	配用储气罐或增大储气罐容量
		4）机组外供气管路中装设有止回阀，而控制器取点未从气水分离器上移至止回阀	将控制气取压点从气水分离器上移至止回阀，并把气水分离器上的取压点管口用螺丝拧紧

（2）冷冻干燥机

冷冻干燥机常见故障及处理方法见表 6-2。

表 6-2　冷冻干燥机常见故障及处理方法

常见故障	原因	处理方法
① 压力降太大		
配管系统错误	1）管路阀门未全开	将阀门全开
	2）管径太小	增大管径

续表

常见故障	原因	处理方法
配管系统错误	3）管路太长，弯头、接头太多	管路系统重新设计
	4）两台以上空压机并联运转区装配不良	管路系统重新设计
	5）管路中的过滤阻塞	过滤器清洗或更换
	6）管路中连接处漏气太多	检查弯头接头
空气处理量超过额定值	超过空压机额定流量压力降低	1）更换容量较大的空压机
		2）降低空气流量
蒸发器内凝结水冻结	1）温度开关或压力开关不良	检查管路是否堵塞、校正开关
	2）膨胀阀、热气旁通阀故障	检查管路是否堵塞、校正开关
	3）空气处理量压小	加大处理风量
② 出水不净		
配管系统异常	1）旁路阀没有全关闭	关闭旁路阀
	2）空气没有通过干燥机	储气罐按要求装置
	3）无储气罐或储气罐装在冷干机后	干燥机入口阀门全开
	4）干燥机没有放平	置平
	5）自动排水器倾斜	
	6）排水管路高于自动排水器	排水管路重新装置
空气流量大	压力降太大	空压源系统重新装置
排水系统异常	1）排水器不良或电磁排水阀故障	清洗或更换
	2）排水器前阀未全开	确认阀门是否全开

续表

常见故障	原因	处理方法
冷媒蒸发温度指示异常	1）露点温度太低或太高	调整压力开关、水流开关、膨胀阀、热气旁路阀
	2）环境温度或入口温度过低、入口温度过高	增设后部冷却器
	3）周围环境空气污浊，通风不良	选择较适当位置或改善通风
	4）冷媒漏、冷冻效率低	修补漏洞、加灌冷媒

③ 全部不能运转

电源是否正常供电	1）保险丝熔断或无开关跳闸	开关是否损坏，确认电源是否有缺相短路、接地相，并检查开关是否损坏
	2）断线	找出断线处加以检修
有电源但不能正常运转	1）电压异常	请依照铭牌上额定电压指示允许范围内5%
	2）开关不良	换新
	3）接触器不良	换新
	4）过流继电器不良	换新（请检查电磁开关及压缩机线盒）
	5）高低压力开关不良	换新
	6）启动断电器不良	换新
	7）电容器不良	换新
	8）温度开关不良，流量开关不良，油压缩机不良	换新
	9）压缩机不良	换新
电源开关全部正常，但不能启动	1）高低压跳闸后未复位，电磁开关过流继电器不良	换新找出跳闸原因后，再复位
	2）压缩机不良	换新
	3）电线松落	找出电源线未锁紧处，上紧

续表

常见故障	原因	处理方法
④ 启动不良		
电压异常	启动不久后,电线短路,产生烧焦味道	线路及开关重新配置,找出电压异常之原因
高压跳闸虽已复归但还是不能启动	1) 压力开关或温度开关不良,风扇停止	开关换新
	2) 风扇不良	换新
	3) 过载跳闸	检查电仪
	4) 冷凝器积垢太多	清洗
过流继电器跳闸	1) 启动电仪不良	换新
	2) 电容器不良	换新
	3) 压力开关或温度开关不良,风扇停止	换新
	4) 油压开关不良	换新
	5) 连续启动	每次启动需隔 3min 以上
	6) 压缩机过负荷	干燥机过负荷,减少空气处理量
	7) 干燥器入口周围温度过高	增设冷却器或改善通风
	8) 电仪设定电流值太低	调整电流值
	9) 电仪接触不良	清理或换新
	10) 电源欠相	熔丝断或电源开关接触不良
	11) 接触器接点不良	清理或换新
	12) 冷却水没有循环	检查冷却水
⑤ 正常运转但效果不佳		
冷媒蒸发温度指示过低	1) 蒸发温度表不良	换新
	2) 膨胀阀或燃气阀故障	换新
	3) 冷媒漏	补漏再灌充冷媒

续表

常见故障	原因	处理方法
冷媒蒸发温度指示过低	4）冷媒阻塞	更换干燥器，重新换真空，充灌冷媒
	5）温度开关或压力开关设定太低，风扇不断运转	调整设定温度开关或压力控制开关
冷媒蒸发温度指示过高	1）入口温度过高（超过 45℃）	增设冷却器或更换较大型的干燥机
	2）周围温度过高	增设通风设备
	3）膨胀阀或热气旁路阀故障	换新
	4）冷凝器阻塞，通风不良	清洗，改善通风设备
	5）冷却水温过高，或循环不良	改善冷却水
	6）空气处理量大，但压力低	并联加装干燥机
	7）冷媒压缩机进排气阀片磨损	换新
过负荷运转	1）入口温度过高（超过 45℃或 80℃）	增设冷却器
	2）空气处理量大	并联加装干燥机
	3）冷媒漏	补漏再灌充

⑥ 自动排水不良

自动排水系统不良	1）使用压力在 1.5kgf/cm^2 以下^{①}	自动排水器正常使用压力在 2～10kgf/cm^2^{①}
	2）管节部分阻塞	清洗
	3）排水阀损伤或未全开	换新或打开阀门
	4）排水阀倾斜或破损	校正固定或换新
	5）排水阀过滤部分阻塞	清洗

续表

常见故障	原因	处理方法
自动排水系统不良	6）使用压力过高	依据自动排水器额定压力使用
	7）排水管阻塞	清洗
	8）蒸发器管路内生锈或污垢阻塞	使用年限超过限期，换新

① 1kgf/cm^2＝98.0665kPa。

6.4.4.2　紧急停车

发生下列情况，可以采取紧急停车措施：

① 空气压缩机排气压力超过额定值；

② 安全阀超压起跳；

③ 油管爆裂；

④ 气体管路管件出现严重泄漏，且无法控制。

6.4.4.3　紧急停车步骤

（1）通知各用气岗位。

（2）停制氮机→停微热再生吸附式干燥机→停离心式压缩机→停螺杆式空压机→组合式干燥机→停自洁式过滤器→停循环水→停喷淋泵→停塔风机

（3）联系相关人员进行处理。

6.4.4.4　紧急停车安全操作

通知调度、用户后立即停车。

6.4.5　日常检查与维护

（1）检查空压机油位是否正常，不足时及时添加。

（2）检查空气滤芯是否堵塞。

（3）检查软管和所有管接头是否有泄漏情况。

（4）检查空压机、冷冻干燥机有无报警信息，并及时消除。

（5）检查主机排气温度是否在正常范围。

（6）检查冷凝水排放情况，若发现排水量太小或没有冷凝水排放，应停机清洗油水分离器。

（7）检查空气压缩机响声有无异常。

（8）检查冷却水水温是否≤40℃。

（9）检查电流、电压及电动机的温度是否正常。

6.4.6　电器仪表日常检查

（1）注意观察检测仪表指针是否脱落或者弯曲、显示是否正常。

（2）注意观察仪表盘上的二次表与现场一次表之间是否出现较大差异，二次表上手动控制是否有效，报警信号是否灵敏、正确。

（3）注意排气压力是否在正常范围内，自动调节阀有无反应延迟等失效表现。

（4）注意观察电流表是否完整，电机运行的声音、温度、振动是否正常，运行电流是否超过额定电流，照明是否正常。

（5）随时注意电器的工作状态，当电器不能正常工作时，要及时进行处理和报告，并做好相应的记录。

6.4.7　职业卫生

6.4.7.1　岗位职业危害因素

本岗位可能存在的主要职业危害因素见附录 3。职业危害因素检测结果应该符合工作场所有害因素职业接触限值的要求。

6.4.7.2　防护措施

（1）正确穿戴劳动防护用品。

（2）个人防护用品的配备可参照附录 4。

6.4.7.3　急救药品的配置

急救药品的数量和品种应根据岗位实际需要配备，一般情况可参照附录 5 配置，并且应设专人管理，保证药品的基本数量和有效期。

6.4.8 检修

设备的检修按照附录 2《设备检修交付工作制度》进行。

第7章 供电安全操作

7.1 概述

变电站是电石企业供电系统的心脏，肩负着向电炉变压器和各工序动力设备安全、平稳供电的任务。

变电站供电电压可根据所在地区电网的电压等级和生产规模进行选择，常用的供电电压为 110kV 或 35kV。供电线路 1～2 回，主接线采用 110kV 双母线、35kV 单母线分段接线方式。

变电站可按有人值守或无人值守设计。无人值守的变电站应采用微机综合自动化保护装置，将电气设备运行参数、各种状态信号和报警信号远传到电炉控制室或中控室进行监视和控制。

供电岗位主要负责电气设备的倒闸操作、巡回检查以及高低压电气设备的维护检修工作，及时处理各个岗位运行中发生的电气设备故障。

由于电石企业采用的供电电压、设备选型、运行方式和无功补偿方式各不相同，对变电站设备和运行方式不作具体介绍。

7.2 供电流程

变电站引入高压供电电源，接入企业变电站高压母线，主供电炉变压器和动力变压器，动力变压器经过变电（配电）后再向生产工序各岗位供电。

电炉变压器二次输出三相短网引至三相电极集电环，由集电环与导电颚板连接的铜管将电输入导电颚板直至电极。

供电系统无功补偿有以下四种方式：

① 在电石炉变压器以前进行集中补偿，即采用降压变压器将进线电压降到 10kV 后，采用 10kV 电容器进行补偿；

② 在电石炉变压器中设置第三绕组，在第三绕组接入 10kV 电容器进行补偿；

③ 在电石炉变压器二次侧采用低压电容器直接进行补偿；

④ 在电石炉变压器二次侧接入升压变压器，将二次电压升高到 10kV，选用 10kV 电容器进行补偿。

变电站主接线示意见图 7-1。

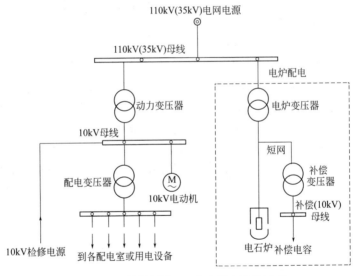

图 7-1　110kV（35kV）变电站主接线示意

7.3　主要设备安全运行及操作规定

7.3.1　变压器安全运行及操作规定

（1）新安装、大修后的油浸式变压器投入运行前，应在额定电压下做空载全电压冲出合闸试验，加压前应将变压器保护全部投入，新变压器冲击 3 次，大修后的变压器冲击 1 次。第一次送电后的运行时间 10min，停电 10min 后再继续第二次冲击合闸试验。

（2）变压器并列条件

① 相序相同；

② 结线组别相同；

③ 电压比相差不超过 5%；

④ 短路比相差不超过 10%；

⑤ 变压器投入运行时，应先合上电源侧开关，后合上负荷侧开关，退出运行时相反；

⑥ 中性点直接接地系统中，变压器投入或退出运行时，应先将送电侧中性点接地刀闸合上；

⑦ 变压器过载时，不可频繁操作有载分接开关；

⑧ 电炉变压器（补偿变压器）送电时，调压开关应调在低电压挡位；

⑨ 正常运行时电炉变压器三相挡位之间允许相差 1 挡运行，特殊情况下经主控人员同意，最多可以相差 2 挡运行；

⑩ 运行中的变压器有下列工作时，应向主控人员申请将重瓦斯保护由跳闸改投信号：

a. 带电滤油或加油；

b. 变压器油路处理缺陷及更换油泵；

c. 为查找油面异常升高的原因打开有关放油阀、放气塞；

d. 气体继电器进行检查试验及在其继电保护回路上进行工作，或回路有直接接地故障。

⑪ 变压器输入电压不应超过所在挡位额定电压的 ±5% 运行，制造厂另有规定时，按制造厂规定执行；

⑫ 油浸式变压器最高顶层油温一般不超过表 7-1 中的规定（制造厂另有规定时，按制造厂规定执行）。

表 7-1　油浸式变压器最高允许油温

冷却方式	冷却介质最高温度/℃	最高顶层油温/℃
自冷或风冷	40	95
强油风冷	40	85
强油循环水冷	30	70

（3）变压器正常情况下不允许过负荷运行，发生事故时可以例外，正常冷却条件下事故过负荷倍数和允许持续时间应满足表7-2中的规定（制造厂另有规定时，按制造厂规定执行）。

表 7-2　事故过负荷倍数与允许持续时间关系

事故过负荷倍数	1.3	1.6	1.75	2.0
允许持续时间/min	120	30	15	7.5

（4）变压器油水冷却器正常运行时油压应高于水压0.05MPa（制造厂不作要求时例外）。

（5）变压器冷却系统故障时，若变压器油面温度低于允许值，变压器运行时间可按油面温升情况确定。

7.3.2　电容器安全运行及操作规定

（1）对新投入运行的电容器组应在额定电压下冲击合闸三次（每次间隔5min），24h试运行期间应加强巡视检查。

（2）连接电容器组的母线或设备停电时，应先停电容器组，后停负荷；送电时顺序与此相反。

（3）电容器组开关拉开、合闸间隔时间，不宜小于5min，或按制造厂要求执行。

（4）电容器停电工作时，必须经过充分放电才能工作，熔丝熔断的单个电容器工作时必须对该电容器进行充分放电。

（5）电容器室应通风良好，温度达到40℃或超过厂家规定时，应将电容器短时停止运行。

（6）电容器本体温度不得超过60℃。

（7）串、并联电容器的长期运行电压不得超过其额定电压的 1.1 倍，电流不得超过其额定电流的 1.3 倍。

（8）电容器容量不能任意变动，个别电容器损坏时，应更换容量和参数相同的产品，并经试验合格方可投入运行。

7.3.3　电动机安全运行及操作规定

（1）电动机可在额定温度下按厂家铭牌数据长期运行。

（2）电动机一般可在额定电压变动 $-5\%\sim10\%$ 的范围内运行，其额定出力不变。

（3）电动机在额定出力运行时，其三相不平衡电压差不得超过额定电压的 5%，三相不平衡电流差不得超过额定电流的 10%，并且任一相电流不得超过额定值。

（4）电动机运行时，各部位的允许温度与温升应按制造厂铭牌规定执行，当制造厂没有规定时，电动机绕组允许温升及温度可按表 7-3 中的规定执行。

表 7-3　电动机绕组允许温升及温度

绝缘等级		A 级		B 级		E 级	
测量方法		温度计法	电阻法	温度计法	电阻法	温度计法	电阻法
定子绕组	温升/℃	50	60	60	75	70	80
	温度/℃	80	95	100	110	105	115

（5）环境温度为 35℃ 以上时，滑动轴承不得超过 80℃，滚动轴承温度不得超过 95℃。

（6）装有空冷器的电动机，入口水温不得低于 5℃、不得超过 30℃，进风温度不允许超过 40℃。

（7）电动机运行时的振动值不应超过表 7-4 中的规定。

表 7-4　电动机转速与振动值的关系

额定转速/(r/min)	3000	1500	1000	750	750 以下
振动值（双振幅）/mm	0.05	0.085	0.10	0.12	0.16

（8）电动机运行时的轴向窜动值，滑动轴承不超过 2～4mm，滚动轴承不超过 0.05mm。

（9）6～10kV 电动机应用 1000～2500V 摇表测量绝缘电阻，在常温下 6kV 电动机不应低于 6MΩ，10kV 电动机不应低于 10MΩ。

（10）380V 及以下低压电动机，用 500～1000V 摇表测量绝缘电阻，其值不应低于 0.5MΩ。

（11）直流和绕组式电动机的转子线圈，用 500V 摇表测量绝缘电阻，其值不应低于 0.5MΩ。

（12）容量为 500kW 及以上的高压电动机，应测量吸收比 R60/R15≥1.3，所测电阻值应与前次相同条件下比较，不低于前次所测值 1/2，否则查明原因。电动机绝缘不合格，不得送电启动。

（13）大修后的大型电动机的轴承绝缘，应用 1000V 摇表测定绝缘电阻，其值不应低于 0.5MΩ。

（14）备用中的电动机，应每隔两周定期测定绝缘一次。

（15）对周围环境恶劣、温度变化大的电动机，停止备用时，应缩短测定绝缘的时间间隔，并加强定期试转工作（试转时间不应低于 2 小时）。

（16）电动机停用不超过一周，未经检修时，送电或启动前可不测绝缘。虽没超过一周，但遇电动机发生异常情况，在送电前应测绝缘。

（17）互为备用的电动机，每半月应轮换运行一次或采用试转半小时的方式，以提高其备用电动机绝缘。

（18）鼠笼式电动机在热状态下只允许启动一次，在冷状态下允许连续启动两次，每次间隔不得小于 5min。在事故或启动时间不超过 2～3s 的电动机可以多启动一次。

7.4　岗位安全操作

7.4.1　操作规定

（1）高压倒闸操作前必须根据调度指令，下达调度指令必须采用双重编号，受令人复诵无误后根据指令填写操作票。单项操作时可不填操作票，操作完成后记入倒闸操作记录簿。

（2）供电线路的倒闸操作按照与地方电网签订的调度协议执行，严格按照地方电网调度指令进行倒闸操作。

（3）变电站母线及线路的倒闸操作由电气负责人（或有资质下达调度指令的人员）下达操作指令。

（4）电炉具备送电条件后，由主控人员下达电炉开车操作指令，电炉运行过程中的开、停和负荷调整由主控人员向地方电网电力调度报告。

（5）各生产岗位用电设备具备受电条件后，由各岗位负责人（班长）向电气负责人申请送电。电源送到各用电设备后（用电设备转热备用），由各岗位班长负责指挥操作人员进行开机操作。

（6）在开关柜前操作时应穿棉质长袖工作服，穿绝缘鞋，戴绝缘手套和安全帽。高压设备户外操作时应穿高压绝缘靴。装卸高压可熔保险器应戴护目眼镜和绝缘手套，必要时使用绝缘夹钳，并站在绝缘垫或绝缘台上。

（7）高压设备和低压总进线开关或重要线路的倒闸操作必须由两人执行，其中一人对设备较为熟悉者作监护，操作中应认真执行监护复诵制度。

（8）操作前应先核对设备名称、编号和位置，停电拉闸操作必须按照先拉开关（即断路器），其次拉开负荷侧隔离刀闸，最后拉开母线侧隔离刀闸，送电合闸的顺序与此相反。

（9）操作中不准擅自更改操作票，不准随意解除闭锁装置。

（10）在发生人身触电事故时，为了抢救触电人，可以不经许可即行断开有关设备的电源，但事后应立即报告调度和上级部门。

（11）在交接班时，应避免进行倒闸操作。在事故处理时，其它操作程序应暂停，即时报告主控人员或电气负责人。雷雨时避免在露天进行倒闸操作。

（12）新设备首次送电或设备检修后，在送电操作前必须进行现场检查核实。

（13）任何人发现有违反安全规程的情况，应立即制止。各类作业人员有权拒绝违章指挥和强令冒险作业行为。

7.4.2 送电前的准备

7.4.2.1 设备验收

（1）经检修后的设备在投入运行前，应经电气技术负责人员进行验收，且检修及试验数据应合格。

（2）新设备投运时，安装检验及所有资料应合格齐全，并有新设备投运技术方案，按新设备投运方案进行送电操作。

7.4.2.2 安全检查

（1）检修工作已完结，检修工作负责人和工作许可人双方在工作票结束栏上签字确认。

（2）电气设备及线路上确实无检修人员。

（3）送电线路（设备）接地线均已撤回、接地刀闸已经拉开。

（4）检修标识及相关检修的安全措施已拆除。

（5）设备安装现场通风装置良好，消防设施齐全。

7.4.2.3 设备检查

（1）保护及控制设备检查

① 保护屏内的所有空气开关（保护装置电源、控制电源、信号电源等）均在工作位置，电源电压正确，保护装置面板指示正确；

② 保护装置经试验完好，保护压板已按规定投入运行；

③ 开关控制回路完好，监控机（或操作台）上显示在"远方"操作位置；

④ 监控系统工作正常，主接线上开关及刀闸的分、合指示与现场设备一致并正确，遥信一览表（信号指示灯）无故障报警信号。

（2）变配电和用电设备检查

① 设备固定牢靠，外表清洁完整、无杂物；

② 电气接线应正确，连接牢靠且接触良好；

③ 设备相色标志正确，接地良好；

④ 隔离刀闸、开关机械位置和指示位置一致并正确，开关柜上"远方/就地"开关置于"远方"位置；

⑤ 电容器外壳应无凹凸或异常现象；

⑥ 盘动电机转子时应转动灵活，无碰卡现象；

⑦ 充油设备无渗漏油，事故排油设施完好；

⑧ 变压器储油柜、冷却装置、净油器等油系统上的油门均打开，油位指示正确；

⑨ 变压器温度计指示正确，整定值符合要求。

7.4.2.4　电炉"紧急停车"试验

电炉变压器应设"紧急停车"按钮，在设备检修后与主控人员共同进行试验，其操作步骤为：

① 确认电炉变压器开关两侧隔离刀闸在断开位置；

② 对电炉变压器开关进行合闸和分闸各一次，检查分、合闸回路是否正确；

③ 对电炉变压器开关合闸，按主控室"紧急停车"按钮，开关分闸正确；

④ 对电炉变压器开关合闸，按现场"紧急停车"按钮，开关分闸正确。

7.4.3　送电操作程序

7.4.3.1　正常送电流程

正常送电操作应先从高压逐级向低压送电。

（1）动力电送电流程

高压线路──→高压母线──→动力变压器（10kV 母线）──→配电变压器（0.4kV 母线）──→各岗位配电室──→各岗位用电设备

（2）电炉送电流程

水系统、油压系统及相关辅助岗位设备——→变压器辅机（冷却器或风机）——→电炉变压器（补偿变压器）——→补偿电容器

7.4.3.2　送电操作步骤

（1）动力系统送电操作步骤

① 进线线路由检修转运行的操作步骤（由地方电网电力调度下达操作指令）

a. 拉开线路接地刀闸或拆除接地线，拆除检修相关标示牌；

b. 合上线路电压互感器一次隔离刀闸和二次空气开关；

c. 合上线路避雷器隔离刀闸；

d. 由供电电源侧合上线路开关；

e. 监视线路电压是否正常。

② 110kV（35kV）母线由检修转运行的操作

a. 拉开母线接地刀闸或拆除母线上的接地线，拆除检修相关标示牌；

b. 合上母线电压互感器一次隔离刀闸和二次空气开关；

c. 合上母线避雷器隔离刀闸；

d. 确认进线开关在断开位置，先合上母线侧隔离刀闸，后合上线路侧隔离刀闸；

e. 合上进线开关；

f. 检查母线电压是否正确。

③ 动力变压器及10kV配电母线由检修转运行的操作步骤

a. 拉开动力变压器高压和低压侧接地刀闸或拆除接地线，拆除检修相关标示牌；

b. 合上10kV母线电压互感器一次隔离刀闸和二次空气开关；

c. 合上动力变压器中性点接地刀闸（用于110kV电压等级）；

d. 确认动力变压器高压侧开关在断开位置，合上高压侧隔

离刀闸；

e.确认动力变压器低压侧开关在断开位置，合上低压侧隔离刀闸；

f.合上动力变压器高压侧开关；

g.合上动力变压器低压侧开关；

h.检查动力变压器及 10kV 母线电压是否正确；

i.拉开动力变压器中性点接地刀闸。

④ 10kV 配电变压器及 0.4kV 母线由检修转运行的操作步骤

a.拉开配电变压器高压侧接地刀闸或拆除高、低压侧接地线，拆除检修相关标示牌；

b.确认配电变压器高压侧开关在断开位置，合上高压侧隔离刀闸（或将高压开关手车置工作位置）；

c.确认配电变压器低压侧开关在断开位置，合上低压侧隔离刀闸（或将低压开关手车置工作位置）；

d.合上配电变压器高压侧开关；

e.合上配电变压器低压侧开关；

f.检查 0.4kV 母线电压是否正确。

⑤ 0.4kV 线路（各工序配电室、配电柜）送电操作程序

a.拆除线路两侧接地线或检修相关标示牌；

b.确认电源侧低压开关在断开位置，合上送电线路电源侧隔离刀闸（或将线路开关手车置工作位置）；

c.确认受电侧低压开关在断开位置，合上线路受电侧隔离刀闸（或将线路开关手车置工作位置）；

d.合上线路电源侧开关；

e.合上线路受电侧开关；

f.检查配电柜电压是否正确。

⑥ 用电设备送电操作

a.拆除检修相关标示牌；

b.确认用电设备开关在断开位置，合上隔离刀闸；

c.合上用电设备开关；

d.合上用电设备控制回路保险；

e.检查现场电源指示是否正确，回复受电岗位送电情况；

f.岗位运行人员进行开机操作。

⑦ 10kV 高温引风机由检修转运行的操作步骤

a.电炉具备开车条件；

b.拉开高温引风机接地刀闸或拆除接地线，拆除检修相关标示牌；

c.确认高温引风机开关在断开位置，合上隔离刀闸；

d.由电炉主控人员按高温引风机运行程序进行开机操作。

（2）电炉变压器送电操作

① 电炉变压器由检修转运行的操作步骤

a.拉开电炉变压器接地刀闸或拆除接地线，拆除检修相关标示牌；

b.合上升压变压器 10kV 母线电压互感器及避雷器隔离刀闸（采用电炉变二次侧升压进行无功补偿时进行此操作）；

c.水系统、油压系统及相关辅助岗位设备已开机，变压器辅机（冷却器或风机）已准备就绪；

d.合上电炉变压器中性点接地刀闸；

e.确认电炉变压器开关在断开位置，合上隔离刀闸；

f.检查或调整电炉变及补偿变压器在低电压挡位（主控人员操作）；

g.合上电炉变压器开关，调整及监视运行电流是否正常（主控人员操作）；

h.拉开电炉变压器中性点接地刀闸。

② 电炉变压器二次侧补偿电容器由检修转运行的操作步骤（在电炉变压器二次侧进行补偿时）

a.拉开补偿电容器接地刀闸或拆除接地线；

b.确认补偿电容器开关在断开位置，合上隔离刀闸；

c.主控人员投入电容器组，并根据电炉运行情况对补偿电容器电压或补偿电容器组数进行调整。

（3）电炉变压器（补偿变压器）冷却器的操作步骤

① 开启电炉变压器（补偿变压器）油路全部阀门；

② 开启运行油泵进口和出口阀门，关闭备用油泵进口阀门；

③ 开启运行油泵电源，油泵运行；

④ 先开启水系统出水阀门，后开启进水阀门；

⑤ 调整油压和水压在正常范围（正常情况下油压应高于水压 0.05MPa）。

7.4.4 停电操作程序

7.4.4.1 正常停电流程

（1）停补偿电容器——→电炉变压器——→相关辅助设备（冷却器、高温引风机、循环水泵等）

（2）全站停电流程

动力电停电由低压到高压逐级停电，特殊情况例外，正常停电流程为：

用电设备岗位配电室——→0.4kV 母线及配电变压器——→10kV 母线及动力变压器——→110kV（35kV 母线）高压母线——→110kV（35kV）线路

7.4.4.2 电炉变压器（补偿变压器）及相关设备停电操作步骤

（1）补偿电容器由运行转检修操作

① 拉开补偿电容器开关（在电炉变压器二次侧进行补偿时）；

② 确认补偿电容器开关在断开位置，拉开隔离刀闸（转热备用时可不进行以下操作）；

③ 合上电容器接地刀闸或挂接地线和"检修"标示牌（转冷备用时可不进行此项操作）。

（2）电炉变压器由运行转检修的操作

① 接受电炉变压器停车指令后，合上电炉变中性点接地刀闸；

② 主控人员拉开电炉变压器开关；

③ 确认电炉变压器开关已断开，拉开隔离刀闸；

④ 合上电炉变压器线路接地刀闸或挂接地线，设置"检修"标示牌等安全措施。

（3）高温引风机由运行转检修的操作步骤

① 按电炉停车要求，主控人员拉开高温引风机开关；

② 确认高温引风机开关已断开，拉开高温引风机隔离刀闸；

③ 合上高温引风机接地刀闸或挂接地线，设置"检修"标示牌等安全措施。

（4）电炉变压器（补偿变压器）油水冷却器停运操作步骤

① 先关闭油水冷却器进水阀门，后关闭出水阀门；

② 停油水冷却器油泵电源（油泵阀门在油路检修时需要关闭，正常停运可以不关闭）；

③ 根据电气检修需要关闭总电源。

7.4.4.3 动力全部停电的操作步骤

（1）低压用电设备（回路）由运行转检修的操作

① 确认用电设备已停运；

② 拉开空气开关；

③ 根据检修需要拉开隔离刀闸。

（2）配电变压器及 0.4kV 母线由运行转检修的操作

① 拉开配电变压器低压侧开关，确认开关已断开；

② 拉开配电变压器高压侧开关，确认开关已断开；

③ 拉开配电变压器高压侧隔离刀闸（将配电变高压侧手车退到检修位置）；

④ 拉开配电变压器低压侧隔离刀闸（将配电变低压侧手车退到检修位置）；

⑤ 合上接地刀闸或挂接地线，设置"检修"标示牌等安全措施。

（3）动力变压器及 10kV 母线由运行转检修的操作（各

10kV 线路已处于冷备用或检修状态）

① 合上动力变压器中性点接地刀闸；

② 拉开动力变压器低压侧开关，确认开关已断开；

③ 拉开动力变压器高压侧开关，确认开关已断开；

④ 拉开动力变压器高压侧隔离刀闸（将动力变高压侧手车退到检修位置）；

⑤ 拉开动力变压器低压侧隔离刀闸（将动力变低压侧手车退到检修位置）；

⑥ 拉开动力变压器中性点接地刀闸；

⑦ 拉开 10kV 电压互感器隔离刀闸和二次空气开关；

⑧ 合上接地刀闸或挂接地线，设置"检修"标示牌等安全措施。

7.4.5　正常操作中的安全注意事项

（1）拉、合刀闸前必须核实断路器在断开位置，检查位置时应以设备实际位置为准。无法看到实际位置时，可通过设备机械位置指示、电气指示、仪表及各种遥测、遥感信号的变化，且至少应有两个及以上指示已同时发生对应变化，才能确认该设备已操作到位。

（2）拉开刀闸时应检查刀闸断开距离满足安全要求。有闭锁装置的刀闸，操作结束后，应检查倒闸操作机构是否闭锁良好。

（3）严禁带负荷拉、合隔离刀闸。如果已经操作错误，不准把已经合上的刀闸再拉开，只有用相应的断路器把这一回路电流断开后，才能将误合的刀闸拉开［对涡轮转动的操作机构由于误动而产生电弧时，应立即投入，由于误合而产生电弧时，应立即拉开。对快动式刀闸（杠杆转动操作机构）由于误拉而产生电弧时，应立即拉开不得投入，由于误合而产生电弧时，应立即合到底不得拉开］。

（4）母线送电前要将母线电压互感器（避雷器）刀闸先投入，停电时最后拉开电压互感器（避雷器）刀闸。

（5）拉、合电压互感器前，应防止继电保护装置和安全自动装置误动作。用断口带并联电容器的断路器拉、合装有电磁电压互感器的空载母线时，应先将该电压互感器停用。

（6）操作中产生疑问时，应立即停止操作并向发令人报告，待发令人再行许可后，方可进行操作。

（7）当电气设备投入运行时发生"保护动作"跳闸事故，或运行中的电气设备发生"保护动作"跳闸事故，必须立即向主控人员及电气负责人报告，在事故原因未分析清楚前不能将设备重新投入运行。

（8）检修验电操作注意事项

① 验电必须使用试验合格（试验合格有效期半年）、符合使用电压等级的验电器；

② 验电前必须先将验电器在带电设备上试验，确定验电器是否指示正确；

③ 验电工作必须在施工设备进出两侧，如开关则应检查所有套管；

④ 验电时必须戴绝缘手套；

⑤ 室外验电不能在下雨天进行；

⑥ 表示设备断开的常设信号装置，经常接入的电压表和其它信号指示只能作参考，不得以此作为设备无电的根据。

（9）检修装拆接地线的注意事项

① 接地时，必须使用专门的携带型接地线，禁止使用不合格的导线作接地或短路之用，禁止使用缠绕的方法进行短路和接地；

② 对于可能来电的各方面都要装设接地线；

③ 接地线应装设在从工作地点可以明显看到的地方；

④ 接地线与施工部分之间不得连有开关或保险；

⑤ 装接地线时先接接地一侧、后接设备一侧，拆接地线时先拆设备一侧、后拆接地一侧；

⑥ 每组接地线应编号，存放在固定地点，每班交接；

⑦ 每组接地线在使用之前均应认真检查，有损坏的接地线

严禁继续使用；

⑧ 装拆接地线必须做好记录，交接班时必须交接清楚。

7.5 异常及事故情况

7.5.1 异常及事故处理措施

（1）变压器

变压器异常及事故处理方法见表 7-5。

表 7-5 变压器异常及事故处理方法

序号	异常现象	原因分析	处理方法
1	电炉变压器"有载调压轻瓦斯"动作	1）调压开关动作频繁 2）开关内变压器油绝缘性能差 3）有载调压开关触头接触不良	1）对调压开关瓦斯气体进行排放，并记录轻瓦斯动作时间间隔 2）关注轻瓦斯的动作频率和调压开关动作次数，按有载调压开关说明书要求对调压开关进行油分析 3）当油耐压不合格时，应计划停电对调压开关进行清洗换油或检修
2	变压器"本体轻瓦斯"动作	1）变压器内空气没排完 2）变压器内部引线接触不良 3）变压器内部绝缘老化	1）监视变压器电流、有功和无功功率、上层油温，并记录 2）注意倾听变压器内部音响有无明显变化 3）在确保人员安全的条件下取出瓦斯继电器内积气，判断故障类别 a.无气体：油枕和轻瓦斯继电器无油，或油路堵塞。阀门未打开，或二次回路短路引起误动，通知检修人员进行处理 b.有气体：无色、无臭味、不可燃，说明是空气，排气后变压器可继续运行 c.有气体：有色、有臭味、可燃，说明是变压器内部故障，向主控人员请求停电处理

103

序号	异常现象	原因分析	处理方法
3	电炉变压器"过负荷"动作	负荷控制不当	1）记录此时变压器三侧电流、有功和无功功率以及上层油温 2）适当降负荷，直到过负荷信号消失为止 3）如果情况特殊（如处理炉内故障），必须过负荷运行时，应按变压器过负荷规定执行，并控制变压器温度，必要时开启备用冷却油泵或加大冷却水量，加强对变压器进行巡视
4	变压器"油位低"动作	变压器油箱或出线导管渗漏	1）检查是否漏油，在保证安全的前提下采取措施制止漏油 2）如果油位下降不能及时控制，应紧急停电处理
5	变压器"压力异常"动作	1）变压器内部故障 2）释压器故障误发信号	1）检查释压器和变压器油枕是否喷油。如严重喷油，应立即将变压器停电 2）如变压器释压器少量泄油，应检查变压器油位、油色和油温，密切关注负荷电流、温度、声响，即时向电气负责人报告 3）未发现异常时为释压器故障，做好缺陷记录，停电时进行处理
6	变压器"温度高"	1）变压器过负荷运行 2）变压器冷却水压低或水温高 3）变压器冷却器故障 4）变压器油路或水路堵塞	1）记录此时变压器的电流、电压、有功和无功功率以及上层油温，比较该负荷下的油温是否正常 2）检查温度表的实际指示是否与"温度高"信号动作值相符 3）检查冷却器是否正常，有无堵塞现象；冷却器油压、水压、进水温度及流量是否正常 4）经上述检查，若油温比同样负荷和冷却条件下高出10℃以上，则认为变压器内部发生故障，此时应报告电气负责人或相关技术人员进行分析。如果温度继续上升，应向主控人员申请停电处理，在未停电之前应加强冷却和运行监视

续表

序号	异常现象	原因分析	处理方法
7	配电变压器"过负荷"	负荷分配不当	即时核实报警信号是否正确，并报告主控人员，即时对负荷进行调整
8	油水冷却器流量低	1) 油水冷却器电机失电 2) 油泵电机或控制回路故障 3) 油路阀门没打开	1) 检查处理电机电源 2) 启动备用油泵；停电检查故障泵控制回路或更换油泵 3) 检查打开油路阀门
9	"过电流"保护动作跳闸	变压器外部连接母线故障	1) 检查变压器连接的相关母线有无故障点，将故障点隔离处理 2) 无故障点时可将变压器试送一次，试送不成功必须查明原因
10	"差动"或"重瓦斯"保护动作跳闸	1) "差动"动作：变压器内部或变压器外部套管以及相关设备故障 2) "重瓦斯"动作：变压器油箱内部故障	1) "差动"或"重瓦斯"同时发出，应将变压器吊芯检查 2) 仅有"差动"保护动作，应检查变压器外部相关设备

（2）GIS 开关柜

GIS 开关柜异常及处理方法见表 7-6。

表 7-6　GIS 开关柜异常及处理方法

序号	异常现象	原因分析	处理方法
1	GIS"SF6 压力低"报警	GIS 设备密封不严，造成气体泄漏	1) 报告电气负责人 2) 开启 GIS 室排风扇，带上防护用品，由两人一同到现场进行检查 3) 报警信号动作正确，应用 SF6 检漏仪进行检查，找出泄漏点 4) 关注气体泄漏情况，如果不能控制，应安排立即停电检修
2	GIS"SF6 压力低闭锁"	GIS 设备密封不严，造成气体泄漏	1) 报告主控人员及电气负责人 2) 严禁对开关进行分、合闸操作。处理方式同序号 1 有关步骤外，必须进行以下操作： a. 断开"SF6 压力闭锁"回路控制电源，在断路器远方和就地控制手柄上挂"严禁操作"标示牌 b. 启用上一级断路器断电 c. 退出故障断路器进行检修

序号	异常现象	原因分析	处理方法
3	GIS 设备发生事故爆炸	GIS 设备密封不严，造成气体泄漏；开关内部短路或接地故障	1）立即报告主控人员及电气负人保护动作情况，确认相关设备已经停电 2）开启室内通风，带上防毒用品，在电气负责人的指挥下进入开关室进行检查，隔离故障设备 3）联系专业人员进行检修
4	GIS 间隔"电源空开跳"信号	控制电源、弹簧储能电机电源、交流电源、接地刀闸电机电源、控制及信号电源中有一路电源失电	根据所发信号点位，到现场检查开关跳闸原因。如果控制箱内未发现异常、异味，可先试送开关一次，否则应查明跳闸原因

（3）开关（断路器）

开关（断路器）异常情况及处理方法见表7-7。

表 7-7　开关（断路器）异常情况及处理方法

序号	异常现象	原因分析	处理方法
1	开关出现"控制断线"信号	1）控制电源或熔断器接触不良或跳闸（熔断） 2）开关常闭辅助接点未闭合 3）开关内的接点或接线松动 4）保护单元箱控制回路故障	1）拒绝电动跳闸的开关禁止投入运行 2）应即时检查控制电源、开关二次回路及保护单元箱。不能即时处理时，则报告电气负责人和主控人员，将拒绝电动跳闸的开关手动切除后进行检查处理 3）拒绝电动跳闸的开关应到现场手动打跳
2	断路器不能进行电动合闸的故障	1）弹簧没有储能 2）控制电源开关及合闸回路保险接触不好或熔断 3）合闸回路断线（常闭辅助接点断开或合闸线圈断线） 4）保护控制单元箱故障 5）操作机构故障	1）合上储能开关，对弹簧储能 2）检查或合上控制电源开关或更换合闸回路保险 3）处理合闸回路断线及辅助接点故障或更换合闸线圈 4）检查或更换保护单元箱 5）检查处理操作机构故障

续表

序号	异常现象	原因分析	处理方法
3	不能进行电动分闸的故障	1）控制电源开关断开或接触不良 2）分闸回路断线（常开辅助接点闭合不好或分闸线圈断线） 3）保护控制单元箱故障 4）操作机构故障	1）检查控制回路是否正常，合上控制电源开关 2）检查处理合闸回路断线故障或更换分闸线圈 3）检查或更换保护单元箱 4）检查处理操作机构故障 不能处理时，应采取紧急分闸措施

（4）电动机

电动机异常情况及处理方法见表 7-8。

表 7-8　电动机异常情况及处理方法

序号	异常现象	原因分析	处理方法
1	高温引风机"过负荷"报警	风机负荷调整不当	1）检查风机风门开度是否正常，调节风机进风或配风阀门，使电流控制在额定范围以内 2）检查机械部分是否发生故障 3）检测关注风机运行温度。如果过负荷现象不能得到控制，请示停电处理
2	电动机运行温度高	1）负载电流过大 2）电动机缺相运行 3）定子转子相擦 4）水冷风机的冷却器水流量不够或阻塞	1）核对负荷电流 2）检查电机电源 3）检查电机转动间隙 4）调整水压、水量，消除阻塞
3	电动机运行中跳闸	1）负载电流过大，保护动作 2）过载定值偏小或热元件故障 3）电动机或线路绝缘损坏，接地或短路	1）电动机过载保护或热元件动作时，检查负载有无卡塞、电机转动是否灵活，未见异常时可恢复热元件重新起动电动机 2）调整过载保护定值或更换热元件 3）电动机或线路绝缘损坏时空气开关或熔断器动作，此时应对线路和电动机进行绝缘检查并检修

序号	异常现象	原因分析	处理方法
4	电动机完全不能起动	1）电动机缺相 2）无电压或电压不正常	1）查对电源线、熔断器及接线端子 2）检查电源
5	电动机有交流声，但不能起动	定子或转子一相开路	检查电动机定子电源或转子回路
6	电动机不能带负载起动	1）负载转矩过大 2）线路压降太大 3）线绕式电动机转子开路	1）电机选型不当 2）负载阀门调节不当，或有卡塞 3）检查转子回路是否开路
7	电机轴承过热	1）润滑油选择不正确 2）油量不合适 3）油杯不转动 4）负载过大 5）轴承粗糙、歪斜，轴颈压力过度	1）检查所用润滑油是否正确 2）检查油位是否正常 3）检查导油沟与油杯是否对直 4）检查轴线是否对直、轴是否弯曲 5）刮研或调整轴瓦间隙

（5）小电流系统接地

10kV（35kV）发生单相接地故障时，应立即报告电气负责人，允许母线带接地故障运行时间不超过 2h。

小电流系统接地异常情况及处理方法见表 7-9。

表 7-9　小电流系统接地异常情况及处理方法

序号	异常现象	原因分析	处理方法
1	母线对地电压一相为零或接近零，另两相电压上升至线电压或接近线电压，发"＊＊线接地"信号	1）配电回路电缆故障 2）母线配电设备（开关、变压器、电动机等）故障 3）配电母线绝缘瓷瓶或相关设备故障	1）对发生接地系统的各出线电缆和设备进行检查 2）未发现故障点时，可采取逐路停电的方法检查，先断影响面小的次要回路，最后断重要配电回路。故障点危及电炉运行安全时，应向主控人员申请将电炉变压器停电后再对故障进行检查

续表

序号	异常现象	原因分析	处理方法
2	母线对地电压一相为零或接近零，另两相电压上升至线电压或接近线电压，发"＊＊母线接地"信号	1）10kV 电容回路电缆故障 2）10kV 电容配电开关、电容器、电抗器、放电线圈等故障 3）10kV 电容补偿母线绝缘瓷瓶或相关设备故障	1）逐路停用补偿电容器，检查接地在补偿电容器出线侧还是母线侧 2）两组电容器断开后，接地信号仍未消失时，应向主控人员申请停电炉变压器电源，对补偿变压器出线及 10kV 开关柜及母线进行检查

（6）PT 断线

PT 断线异常情况及处理方法见表 7-10。

表 7-10　PT 断线异常情况及处理方法

序号	异常现象	原因分析	处理方法
1	对地电压一相为零或接近零，另两相电压不变，发"PT 断线"信号	1）PT 二次回路熔断器或接触不良 2）PT 二次电压回路一相导线接触不好 3）PT 一次熔断器接触不良或熔断	1）测量 PT 二次回路熔断器进线端电压是否正确。如果电压正确，应检查 PT 二次回路熔断器和二次线 2）PT 输出的二次电压不正确，应向主控人员申请停故障 PT 3）检查一次熔断器（停 PT 前，需要停用相关的低电压保护）

（7）直流电源

直流电源异常情况及处理方法见表 7-11。

表 7-11　直流电源异常情况及处理方法

序号	异常现象	原因分析	处理方法
1	充电机交流失电	1）充电机交流回路短路 2）交流供电电源失电	1）检查充电机交流回路是否短路，排除短路故障后合上空气开关 2）检查交流配电电源是否失电，处理查找失电原因，恢复供电

续表

序号	异常现象	原因分析	处理方法
2	直流运行参数显示异常	监控装置或通信发生故障	通知检修人员或专业人员进行处理
3	合闸母线电压正常，控制母线电压偏低	1）控制母线"自动"调压装置故障 2）控制母线"手动"调压开关工作位置不正确	1）将"自动"控制转换为"手动"控制 2）调整"手动"控制开关电压挡位
4	监控器发"电池过压"告警	1）充电机过电压保护装置故障 2）过电压定值不正确	1）关掉两路交流电源开关，停止向蓄电池充电，待"电池过压"信号消失后再合上空气开关 2）检查调整过电压保护整定值（256V）
5	监控器发"电池欠压"告警	1）充电机交流失电 2）充电模块故障 3）直流系统有局部短路或过载	1）检查交流电源，恢复交流供电 2）检查"充电模块"是否损坏，更换充电模块 3）检查蓄电池电流是否正常，处理直流系统局部短路或过载故障
6	监控器发"直流绝缘低"告警	二次回路设备绝缘损坏，造成接地故障	1）报告电气负责人 2）监控机上直接显示出故障回路时将故障回路断开后进行检查 3）没有直接显示故障回路时，可采取逐路停电的方法检查： a.先断次要回路（如照明、开关储能电源、开关信号电源） b.最后断重要回路（如开关控制电源、保护信号电源） c.断开某一回路后，如故障没有消失，可重新恢复供电，再断下一个回路，直到查出故障点

（8）监控系统或保护单元

监控系统或保护单元装置异常情况及处理方法见表7-12。

表 7-12　监控系统或保护单元装置异常情况及处理方法

序号	异常现象	原因分析	处理方法
1	运行数据不刷新	监控系统全部或部分通讯中断	1）全部中断时可重新启机试验 2）重点检查集线器电源是否正常，接线是否正确、牢固 3）检查保护单元通讯线是否接触良好 4）不能处理时尽快通知专业人员进行处理
2	运行中的开关出现状态变位	1）开关不明原因显示分闸位 2）开关控制电源失电 3）开关辅接点故障，信号误发	1）检查运行电流是否正常，电流正常说明状态信号误发 2）检查直流电源是否失电，处理见"控制回路断线"处理方法 3）检查处理开关辅助接点故障
3	监控机在运行中突然退出系统	监控系统故障	1）重新启机或通知专业人员进行处理 2）如果系统短时不能恢复，立即报告电气负责人，安排供电值班人员在现场进行监视和操作

7.5.2　紧急事故处理程序

（1）当发生以下电气事故时，应立即向电气负责人和电炉主控人员报告请求停电，如果情况紧迫，有权紧急操作处理：

① 直接对人员生命有严重威胁时；

② 运行中电气设备发生下述情形之一时：

a. 内部音响非常大，并有爆裂声；

b. 在正常负荷和环境下变压器温升不断上升，且超过极限温升；

c. 变压器油箱破裂，造成严重漏油，致使油面严重下降，且低于油位指示计的下限以下位置时；

d. 变压器套管严重破损，出现严重的放电现象；

e. 架空线路绝缘子严重放电时；

f. 电气设备出现严重的放电现象或有严重爆裂声、内部冒烟

111

或有严重的臭味时；

　　g. 动力电失电或循环水系统断水时。

　　（2）当动力变压器或 110kV（35kV）母线或进线线路发生故障时，可拉开动力变压器高压侧和低压侧开关，拉开 10kV 高压电动机配电开关，投入 10kV 检修电源，保证动力系统继续供电。

7.5.3　异常及事故处理安全操作要点

　　（1）异常情况及事故处理时，必须首先弄清情况，作出正确分析和判断后迅速向主控及电气负责人报告，避免因慌乱而扩大事故。

　　（2）发生事故时首先解除对人身、设备和供电安全的威胁，清除事故根源，限制事故发展，用一切办法保持正常设备的安全运行。

　　（3）值班人员应正确迅速执行指令，其他人员不能占用调度电话，以免延误事故处理时间。

　　（4）现场检查必须穿戴好个人防护用品，采取相应的安全措施，保证人身安全。

　　（5）发现接地故障时，不允许接近故障点，更不允许接触带电设备金属外壳，在室内与故障点至少保持 4m、在室外与故障点至少保持 8m 的距离。穿绝缘鞋，戴绝缘手套或采取了其它安全措施而紧急救护触电人员时不受此限。

　　（6）交接班过程中发生事故时，处理事故应以交班人员为主，接班人员则在交班人员的指导下协助处理。

　　（7）处理事故时，即使是事故停电，在未拉开有关刀闸和做好安全措施以前不得触及设备或进入遮栏，以防突然来电。

　　（8）当现场设备着火，必须首先切断着火设备电源或通向着火设备现场的电源，用干粉、四氯化碳、二氧化碳等灭火器灭火，火势不能控制时应打 119 启动火灾紧急预案。

7.6　检查与维护

7.6.1　巡检

7.6.1.1　巡检要求

（1）检查高压设备时，不允许接近故障点，人体任何部位与带电体的安全距离不得小于表 7-13 中的规定。

表 7-13　安全距离

电压等级/kV	无遮栏/m	有遮栏/m
10	0.7	0.35
35	1.0	0.6
110	1.5	1.5

（2）电气设备必须认真地按时进行巡视，对设备异常状态要做到及时发现、认真分析、正确处理并做好记录，及时向主控人员和电气负责人报告。

（3）巡视检查设备必须思想集中，做到看、听、嗅、触、想、测配合进行，把事故和异常情况消灭在发生之前。

（4）巡视设备应按巡视路线每日至少巡检一次。

（5）巡视人员对设备巡视后，应将检查情况及巡视时间记入记录簿内。

（6）单人巡视设备时，不得进行其它工作，不得移开或越过遮栏。雷雨天气需巡视室外高压电气时，应穿绝缘靴，并不得靠近避雷器和避雷针。接触设备的外壳和构架时，应戴绝缘手套。进出高压配电室必须随手关门。

（7）遇到下列情况，应增加巡视次数：

①设备过负荷或负荷有显著增加时；

②设备经过检修、改造或长期停用后重新投入系统运行，新安装的设备加入系统运行；

③ 设备缺陷近期有发展时；

④ 恶劣气候、事故跳闸和设备运行中有可疑的现象时；

⑤ 法定节、假日及上级通知有重要供电任务期间。

7.6.1.2　日常巡检的主要项目

（1）一、二次设备的实际运行状况是否与当时运行方式要求的运行位置相符。

（2）各充油设备的油位、油色应正常；设备无泄漏。

（3）各接头应无异常过热，特别不应有变色或热浪、熔化、断股等现象。

（4）主变温度与负荷对比应正常，散热器排管阀门应开启；主变瓦斯继电器导油管阀门应开启。

（5）各瓷件无闪络、裂碎、异常放电。

（6）站用交直流装置电压应正常，信号、控制、保护通讯电源可靠。

（7）各继电保护、自动装置投运正确。

（8）遮栏完好，防误锁完备，防小动物措施有效。

（9）各路负荷电流在规定值以内运行。

（10）防雷设施完好。

7.6.1.3　电气设备巡检内容

（1）变压器的巡检内容

① 油枕及充油套管油面高度是否在规定范围内，有无渗油及变色等现象；

② 变压器上层油温是否正常，抚摸散热器或各油管的温度有无明显差别，阀门是否开启，有无堵塞现象，油水冷却器油压是否高于水压、流量是否正常；

③ 变压器内部声音是否正常，有无加大，放电声和其它异常声响；

④ 套管是否清洁，有无裂纹、破损放电等异常现象；

⑤ 接头引线有无发热、变色、冒气、接触不良等现象；

⑥ 变压器是否完整、有无破裂，呼吸器是否畅通、硅胶是否受潮变色；

⑦ 瓦斯继电器内是否充满油，二次引线绝缘是否有油腐蚀情况；

⑧ 电炉变压器低压出线冷却水管有无漏水、发热现象；

⑨ 基础有无下沉现象；

⑩ 外壳接地是否良好；

⑪ 变压器中性点接地刀闸、电流互感器、避雷器等是否正常。

（2）110kV GIS 开关巡检内容

① 传动机构是否完好，油缓冲器有无漏油，开关位置、弹簧位置指示是否与实际位置相符；

② 控制电源、合闸保险是否完好，接触是否良好，"远方/就地"转换开关是否与运行要求一致；

③ 设备接地是否良好，支架有无锈蚀、裂纹等现象；

④ 各间隔 SF6 气体压力是否正常，有无异常声响或异常气味产生；

⑤ 避雷器泄漏电流是否正常；

⑥ 二次回路接线端子导线有无腐蚀、破损、变色、弯曲、松动、断线、发热等现象；

⑦ 控制端子排是否清洁，螺丝是否松动，号牌字迹是否清洁正确、完整；

⑧ 柜内照明是否完好，箱体是否密封，加热器工作是否正常，箱内是否潮湿。

（3）10kV 开关巡检内容

① 开关柜巡检内容

a. 刀闸触头或接头连接处有无发热、变色、冒气等异常情况；

b. 瓷套管表面是否清洁，有无裂纹、破损、放电或其它明显缺陷；

c. 套管内有无放电声及其它不正常声音；

d. 传动机构是否完好，开关位置指示是否与实际位置相符；

e. 控制电源、合闸保险是否完好，接触是否良好；

f. "远方/就地"转换开关是否与运行要求一致；

g. 接地线是否良好，支架有无锈蚀、裂纹等现象；

h. 开关柜底部密封是否良好，有无间隙；

i. 过电压保护器是否清洁完好，有无放电现象；

j. 柜内照明是否完好。

② 开关柜上保护单元箱及计量设备巡检内容

a. 检查单元箱运行指示灯是否正常，有无报警信号；

b. 保护压板设置是否正确；

c. 装置有无异常声响；

d. 计量及测量表电源及显示是否正常。

（4）电容器室及配电室的巡检内容

① 室内温度、湿度是否满足设备运行要求；

② 各门窗是否完好、紧固，有无渗漏水现象；

③ 室内照明是否正常；

④ 通风设备、防小动物设施是否完好。

（5）母线（软母线和硬母线）巡检内容

① 接头是否紧固，螺栓是否完整，有无锈蚀、过热、冒气等现象；

② 母线上是否落有杂物；

③ 软母线有无扭曲断股，硬母线有无损伤断裂等现象；

④ 绝缘子有无损坏、放电现象。

（6）电容、电抗器的巡检内容

① 电容器巡检内容

a. 电容器外壳有无膨胀、渗油、喷油等现象；

b. 套管有无裂纹、放电现象，表面是否清洁；

c. 电容器有无异常声响和放电声音；

d. 接头是否良好，有无发热等现象；

e. 放电变压器（电压互感器等）是否完好，瓷件有无裂纹、破损、放电等现象；

f. 高压熔断器有无熔断或接触不良现象；

g. 电压是否过高，三相电流差是否超过 10%；

h. 接地是否良好，有无断线、接地不良等现象。

② 电抗器的巡检内容

a. 有无杂音及其它异常响声；

b. 接头接触是否良好，有无发热、变色、冒气等现象；

c. 支持瓷件是否清洁、牢固，有无破损、放电等现象；

d. 保护层是否有裂缝，线圈是否有变形、破损等情况；

e. 基础有无下沉、倾斜等现象。

（7）电力电缆巡检内容

① 电缆终端头是否清洁，有无裂纹、破损、放电现象；

② 引出线接头是否紧固，有无线断、锈蚀、发热等现象，相序标志是否明显；

③ 电缆头和外皮接地是否完好；

④ 电缆室、沟、竖井支架是否牢固，有无锈蚀现象；

⑤ 室内电缆沟是否有积水、渗水等现象；

⑥ 敷设在地面下的电缆线路上的地面是否有挖掘下沉现象，是否堆放重物和排泄酸、碱等污物，线路标示是否完整等。

（8）防雷设备（包括避雷针、避雷器、引下线等）巡检内容

① 避雷器内部有无响声，外部瓷件是否清洁，有无裂纹、破损、放电现象；

② 避雷器泄漏电流是否正常，放电记录是否动作；

③ 引下线是否完好（锈蚀截面积不得超过引下线截面积的 25%），接头是否良好；

④ 金属构架是否锈蚀。

（9）主控室（保护屏、交流站用屏、电度表屏）巡检内容

① 各仪表指示是否正常；

② 各仪表、继电器、插件等元件的连接线是否完好，有无螺丝松动脱焊断线，接触不良、烧焦、绝缘老化等现象；

③ 面板、背板是否清洁完整，铅封是否完好，盖子、罩子是否盖好，有无破损等现象；

④ 开关位置、信号指示是否正常，是否符合运行状态；

⑤ 继电保护的整定值是否与要求值一致；

⑥ 导线有无腐蚀、破损、变色、弯曲、松动、断线、发热等现象；

⑦ 端子排是否清洁，螺丝是否松动，号牌字迹是否清洁正确、完整；

⑧ 逆变器运行是否正常。

（10）蓄电池的巡检内容

① 蓄电池是否整齐清洁，有无松动、破损现象，连接片接头是否完好，螺丝有无松动、发热等情况；

② 直流母线电压是否维持在 215～225V 范围内，浮充电电流是否正常；

③ 充电柜是否完好，有无异音、异味、过热、放电、冒烟等异常现象。

7.6.2 维护保养

7.6.2.1 变压器维护保养

（1）每日对变压器进行巡视检查。

（2）每年对变压器进行一次例行检查和试验（即直流电阻测试、绝缘测试、保护试验、变压器油样分析等）。

（3）每 3 个月或有停电机会时对变压器外壳、套管进行清扫。

（4）定期对变压器外壳进行防腐。

（5）根据有载调压开关说明书要求对调压开关进行油分析，当油耐压不合格时对调压开关进行清洗换油或检修。

（6）统计有载调压开关动作次数和轻瓦斯动作次数，根据运行情况酌情安排检修。

7.6.2.2　高压配电设备及线路维护保养

（1）每日对设备进行巡视。

（2）每周对设备连接部位进行一次温度检测。

（3）定期对设备卫生进行清扫。

（4）1～3 年对设备进行一次预防性试验。

7.6.2.3　电动机维护保养

（1）每日进行一次巡视。

（2）高压电动机停运时间超过 1 周时，运行前对电动机进行绝缘检查。

（3）高压电动机停运时间超过 1 月时，必要时对电动机进行防潮（加热）处理。

（4）定期对电动机轴承进行清洗换油（高压电机 1000h，其它电动机 2000h 或按电动机说明书要求进行维护）。

7.7　操作记录

7.7.1　记录要求

（1）必须认真按巡检和值班规定填写各种记录。

（2）记录填写要及时、真实、内容完整、字迹清晰，不得随意涂改。

（3）填写记录时，除要求复写一式几份时需用圆珠笔填写外，其余均用蓝色或黑色笔书写。

（4）如因笔误、错误需要修改记录时，应采用单杠划去原记录，在其上方写上正确内容，并在其上方、备注栏签上更改人的姓名及日期。

（5）空格记录应在格中划顶格斜线。

7.7.2 记录内容

（1）110kV 线路电流、有功功率、功率因数。

（2）动力变、电炉变电流、有功功率、功率因数、运行温度。

（3）10kV 各路出线电流、有功功率。补偿电容器电流及无功功率。

（4）110kV 母线电压、10kV 母线电压。

（5）蓄电池电流，直流合闸母线电压、控制母线电压。

（6）110kV（35kV）以上线路、变压器有功电度及无功电度；10kV 变压器、高压电机有功电度，电容器无功电度。

（7）110kV 避雷器泄漏电流、六氟化硫断路器压力。

（8）高压配电室的温度和湿度。

（9）设备维护检修内容、设备缺陷。

（10）各种异常现象和事故处理及倒闸操作内容。

7.8 防护用品的配备

7.8.1 个人安全防护用品的配备

个人防护用品的配备可参照附录4。

7.8.2 公用安全防护用品的配备

本岗位配置的安全用具设专人管理，定期进行检验。配置的安全用具有高压验电笔、绝缘操作棒、绝缘靴、绝缘手套、接地线等，其检验周期为 6 个月。

7.8.3 急救药品的配置

急救药品的数量和品种应根据实际需要配备，一般情况可参照附录5配置，并且应设专人管理，保证药品的基本数量和有效期。

7.9　检修

7.9.1　检修安全要求

（1）电气检修应严格执行《国家电网公司电力安全工作规程》及公司制定的相关检修管理规定。

（2）凡独立担任工作的人员必须经过特种作业培训合格，取得操作证后持证上岗。

（3）停电时必须切断各回线可能来电的电源，不能只拉开关（即热备用状态）进行工作，必须拉开隔离刀闸，使各回线至少有一个明显的断开点，刀闸操作把手要锁住。

（4）严禁电气设备在运转时进行拆卸修理。

（5）检修设备时，断电后应使用专用接地线接地，并三相短路，对可能送电至停电设备的回线或停电设备可能产生感应电压的都要装设接地线，使工作地点处于各接地线的中间，工作中其他人员不许装拆或变动接地线。

（6）高压设备检修工作必须有 2 人以上在场，其中应有 1 人作为监护。

（7）检修人员应熟悉工作内容、工作流程，掌握安全措施，明确工作中的危险点，并履行确认手续。应对自己在工作中的行为负责，互相关心工作安全，并监督相关安全规程的执行和现场安全措施的实施，并且正确使用安全工器具和劳动防护用品。

7.9.2　检修工作流程

7.9.2.1　检修流程

计划或临时检修──→签发工作票──→接受指令（或按工作票填写倒闸操作票）──→断电──→验电──→装设接地线──→悬挂警示牌与装设临时遮栏──→值班人员许可签字──→检修负责人检查签字──→检修负责人向检修人员交明工作任务及安全注意事项──→开始检修

7.9.2.2　交付使用流程

检修工作结束——→检修与使用单位双方验收（重要设备应经电气负责人或专业工程师验收）——→拆除警示牌与临时遮栏——→拆除接地线——→完结工作票（值班人员及检修负责人共同签字）——→接受送电指令——→填写倒闸操作票——→设备试运行合格——→交付使用做好检修记录

第8章　设备操作规程

8.1　颚式破碎机安全操作规程

8.1.1　开车前的准备

8.1.1.1　开车前检查

（1）应仔细检查轴承的润滑情况是否良好，轴承内及肘板的连接处是否有足够的润滑脂。

（2）应仔细检查所有的紧固件是否完全紧固。

（3）传动皮带是否良好，发现皮带有破损现象应及时更换，当皮带或皮带轮上有油污时应用干净抹布将其擦净。

（4）防护装置是否良好，如发现防护装置有不安全的现象，应消除。

（5）检查破碎腔内有矿石或其它杂物时，应消除。

（6）检查颚板有无裂纹及断裂现象。

（7）开机前手动盘车 2～3 圈，无异常卡阻，方可进行开机运行。

8.1.1.2　开车前试运行

（1）空载试车

连续运转 2h，应满足以下要求：轴承温升不大于 25℃，最高温度小于 65℃，润滑正常，无漏油现象；机器（飞轮、皮带轮）运转平稳，各连接、摩擦部位不得有异常响声；所有紧固件应牢固，无松动现象。

（2）载荷试车

待空载试车合格后，即可进行负荷试车。负荷试车时，必须待破碎机运转正常后，方能给料。停机时，必须使破碎腔内的物料全部排出后进行，通常生产时破碎腔中的物料高度不得超过破碎腔高度的80%。

负荷试车连续运转8h，应满足以下要求：

① 承温升不超过环境温度的35℃，轴承最高温度不超过80℃；

② 颚板在工作时不应有上下或左右窜动现象；

③ 破碎机不得有异常声响；

④ 调整座、动颚滑槽间无明显的窜动；

⑤ 最大给料粒度应符合设计要求。

8.1.2　正常运行程序

（1）破碎机空载启动。

（2）检查设备无异响，正常运转后开始投料。

（3）物料均匀地加入破碎机腔内，避免侧面加料或堆满加料，以防单边过载、负荷突变或阻塞等现象。

（4）停车前先停止加料，待破碎腔内的被破碎物料全部排出后，关闭电动机。

8.1.3　停机

8.1.3.1　停机前的准备

停止颚式破碎机前应停止加料，待破碎腔内无物料时，方可按下停止按钮。

8.1.3.2　停机程序

（1）待破碎机内物料全部排出。

（2）按下停止按钮，拉下电源开关。

（3）清理设备卫生。

8.1.4　安全操作要点

（1）用户根据现场实际情况对飞轮、槽轮、电机、进料口处制作安全防护罩。

（2）机器运转时，严禁任何调整、清理、加油和维护工作。

（3）破碎时，严禁将手伸入破碎腔取物，严禁从进料口上面窥视破碎腔，严禁在破碎腔内锤击大块物料或用钢棒伸入破碎腔内通料。

（4）保证进料均匀、出料畅通。

（5）禁止人工向破碎腔内抛料，以免造成飞轮、槽轮的损坏及物料伤人。

（6）在破碎机运转时，顶头螺栓必须退回，不得顶住调整座。

（7）电机上的积灰应定期清除，以免散热不良而烧坏电机。

（8）若下料不畅，应用木棒轻捅，严禁使用铁器捅料，以免卡阻打断保险、损坏设备或物料飞溅伤人。

8.1.5　异常情况处理

8.1.5.1　故障处理

颚式破碎机常见故障及处理方法见表 8-1。

表 8-1　颚式破碎机常见故障及处理方法

序号	现象	原因	处理方法
1	调整座与衬板间隙过大	弹簧张力不够或调整过松	重新调整或更换
		弹簧折断	更换弹簧
		衬板磨损太大	更换衬板
2	轴承发热温度过高	缺润滑脂	加油
		轴承与轴承盖间隙过大或过小	调整间隔
		机器安装不平	重新校正水平

序号	现象	原因	处理方法
2	轴承发热温度过高	负荷过重	均匀给料或减少给料
		油量过多或过少	调整油量
		油质不好或污垢太多,造成润滑不良	更换润滑油
		传动带过紧	调整传动带
3	排料口堵塞	被碎物料水分或杂物量过多	清除排料口积物,控制过多水分和黏土
		排料口窄小	放大排料口尺寸
4	排料粒度增大	颚板磨损太大	更换或调头安装颚板
5	弹簧折断	减少排料口(调节排料口间隙时未放松弹簧)	更换弹簧,重新调整
6	肋板折断	肋板与肋板垫偏斜	更换肋板
		物料进入肋板槽卡阻,肋板摆动不灵活	将物料清除干净
		破碎腔掉入超硬度的物料(如铁块)	加强人工与电磁选异料
7	偏心轴轴承或轴承座有异响	间隙过大轴承损坏	调整或更换轴承
8	齿板与侧衬板有金属撞击声	松动	紧固
9	飞轮空转,破碎机未工作,肋板从肋板座中脱落	弹簧破坏	检查、更换
		连杆破坏	检查、更换
		连杆螺母脱落	检查、更换

8.1.5.2 紧急停机

在遇见下列情况时可不经请示直接停止设备运行:

①破碎机轴承的温升超过 35℃；

②破碎时破碎机内物料严重堵塞；

③发生重大设备、操作事故以及其它危及操作人员人身安全事故时；

④遇到火灾、触电等事故严重影响人身安全时。

8.1.5.3　紧急停车程序

(1) 按下紧急停车按钮，拉下电源开关。

(2) 向班长汇报急停原因和目前状况。

(3) 配合相关人员处理现场。

8.1.6　检查与维护

8.1.6.1　日常检查

(1) 检查衬板、皮带轮和飞轮的键、各部件的连接螺栓有无松动，拉杆弹簧应完好，衬板无裂纹。

(2) 检查推力板与支承垫的相互配合位置无偏移、窜动。

(3) 检查并按规定时间给润滑点加油，并注意轴承温度。

(4) 检查各部件紧固螺栓、机座地脚螺栓无松动和脱落。

(5) 检查破碎腔内各部衬板无松动，及时处理。

(6) 检查动颚、定颚及衬板的磨损情况，必要时及时更换。

(7) 检查拉杆弹簧的松紧适当，必要时更换。

8.1.6.2　基本维护

(1) 保持设备外部清洁，每班对电机上的积灰进行清除，以免散热不良而烧坏电机。

(2) 破碎机使用一段时间（一般 1 周左右）后，对紧固件进行全面检查和紧固。

8.1.7　检修

需要对设备进行检修时，按照附录 2《设备检修交付工作制度》的规定进行检修工作的交接。

8.2 皮带运输机安全操作规程

8.2.1 开车前的准备

8.2.1.1 开车前的调试

（1）调整输送带的跑偏。头部输送带跑偏，调整头部传动滚动筒，调整好后将轴承座处的定位螺栓紧固。

（2）尾部输送带跑偏，调整尾部导向滚筒或螺栓拉紧装置，调整好后将轴承座定位块紧固。

（3）中部输送带跑偏，调整上托辊（对上分支）及下托辊（对下分支），当调整一组托辊仍不足以纠正时可连续调整几组，但每组的偏斜角度不宜过大。

（4）在局部位置跑偏，用调心托辊可以自动调整解决。

8.2.1.2 开车前的试运转

（1）试运转前应做的检查

① 输送机的安装是否符合安全技术要求；

② 减速器和电动滚筒内是否按规定加够润滑油；

③ 清扫器、带式逆止器等部件的安装是否符合要求；

④ 电气信号是否正确；

⑤ 点动电动机，观察滚筒转动方向是否正确；

⑥ 确认皮带机跑偏开关及拉绳开关正常运行，拉绳开关拉线无损坏现象；

⑦ 确认皮带机托辊磨损程度在指标范围内，托辊运转良好，无卡顿现象。

（2）试运转期间应进行的工作

① 检查输送机各运转部位有无异常声音；

② 各轴承有无异常温升；

③ 各滚筒、托辊的转动及紧固情况；

④ 调心托辊的灵活性及效果；

⑤ 输送带的松紧程度；

⑥ 各电气设备、按钮应灵敏可靠；

⑦ 由电工测空载电流、满载电流。

8.2.2　正常运行程序

（1）接通皮带输送机的电源开关。

（2）皮带输送机以空载启动。

（3）缓慢向皮带输送机送料。

8.2.3　停机

8.2.3.1　停机前的准备

（1）在接到停机指令后，停止供料。

（2）确认皮带上是否还有物料。

8.2.3.2　停机程序

待物料全部输送完毕，按下皮带输送机停机按钮，切断电源。

8.2.4　安全操作要点

（1）合上总电源开关，检查设备电源是否正常送入且电源指示灯是否亮。

（2）合上各回路的电源开关，检查是否正常。正常状态下设备不动作，皮带输送机运行指示灯不亮。

（3）按照工艺流程依次启动设备，上一台皮带机正常后再进行下一个皮带机的启动。

（4）各皮带输送机只能输送指定物料，严禁超载。

（5）严禁操作人员触及皮带输送机的转动部分，非电气人员不得随意接触电气元件。

（6）皮带输送机停运时，应按下停止按钮，待皮带停止运行后方能切断总电源。

8.2.5 异常情况处理

8.2.5.1 故障处理

皮带运输机常见故障及处理方法见表 8-2。

表 8-2 皮带运输机常见故障及处理方法

序号	现象	原因	处理方法
1	输送带打滑	胶带张力小	增加拉紧装置张力
		堵料现象	停车处理
2	输送带在两端跑偏	滚筒安装不符合技术要求	按技术要求调整
		滚筒表面积尘太多,由圆柱面变成圆锥面	清除表面积尘
3	输送带在中间跑偏	托辊组安装位置不当	调整托辊组位置
		胶带结头不正	重新安装胶带结头
4	输送带空载运转正常,带负荷后跑偏	物料下料不正	使物料置于皮带中间

8.2.5.2 紧急停机

遇到下列紧急情况时,可以不经请示,直接采取紧急停机措施:

① 皮带输送机严重跑偏或皮带断裂;

② 发生重大设备、操作事故以及其它危及操作人员人身安全的事故时。

8.2.5.3 紧急停机程序

(1) 按下停止按钮,拉下电源开关。

(2) 向班长汇报紧急停车原因、现场状况。

(3) 配合相关人员处理现场。

8.2.6 检查与维护

8.2.6.1 日常检查

(1) 检查输送带是否跑偏或磨损。

（2）检查运输皮带上有无杂物。

（3）检查皮带运输机减速器或电动滚筒是否缺油。

（4）检查皮带托辊转动是否灵活，是否偏离。

（5）检查输送带有无打滑、跑偏现象。

（6）托辊是否灵活，有无损坏。

（7）电机、轴承温度是否正常，地脚螺栓是否紧固。

（8）清扫器是否完好。

（9）挡辊是否正常，轴承座、电机、电滚筒或减速机有无异响。

（10）检查拉线开关及跑偏开关是否工作灵敏可靠。

（11）检查输送带粘接头是否有龟裂及起边现象。

8.2.6.2 基本维护

（1）保持设备和周围场地洁净，无积灰，无油垢。

（2）随时注意整机在运转中有无异声。

（3）经常注意减速器或电动滚筒的油位，及时添加润滑油。

（4）及时矫正偏离的托辊，更换转动不灵活的托辊。

（5）清理皮带上存在的杂物。

（6）及时更换受损严重的输送带。

（7）注意滚筒有无渗油现象，如有则及时消除。

8.2.7 检修

需要对设备进行检修时，按照附录 2《设备检修交付工作制度》的规定进行检修工作的交接。

8.3 斗式提升机操作规程

8.3.1 开车准备

8.3.1.1 开车前检查

（1）检查减速器油位是否在规定范围内。

（2）检查安全设施是否齐全牢固。

（3）盘车时无异常现象方可试车。

（4）检查传动链条润滑是否良好。

（5）检查输送链条张紧装置锁止螺栓是否松动。

8.3.1.2　空负荷试车的要求

（1）在额定转速下运转时间不得少于 2h。

（2）注意观察运行部分（链条、料斗）运行情况，运行部分不能与相关部分发生碰撞或卡住现象。

（3）观察各轴承内温升是否正常、各密封处是否有漏油现象，在长期运行中其轴承温升不得超过 35℃。

（4）检查传动装置的工作情况，减速机是否有异常噪声、震动和漏油现象，电气控制设备是否正常。

（5）仔细观察停车时逆止器的逆止效果是否可靠。

（6）停车后检查所有螺栓是否松动，若松动应拧紧。

8.3.1.3　负荷试车的要求

（1）在空运转后即进行负荷试车，负荷试车应在原设计规定的输送量和所拟输送物料的条件进行。

（2）观察电动机在负荷情况下，电流是否超过额定值，电气控制设备是否正常，减速机是否有异常噪声。

（3）在均匀给料的情况下，测定输送量是否符合设计要求，观察是否有回料和提升机下部物料阻塞现象。

（4）各润滑点温升是否正常，减速器运转时最大油温不得超过 90℃。

（5）在提升机带负荷运行时，至少做 10 次负荷停车，以检查逆止器的作用，以保证提升机在突然停车时没有显著的反向运转。

（6）负荷试车中的缺陷全部清除后，方可移交生产。

8.3.2　正常运行程序

（1）提升机空载启动。

（2）添加物料，调节流量，保证不发生堵料、翻料现象。

8.3.3　停机

8.3.3.1　停机前的准备

接到停机指令后，停止供料。

8.3.3.2　停机程序

待物料全部流尽，按下提升机停止按钮，切断电源。

8.3.4　安全操作要点

（1）在长期运行中，其轴承温升不得超过 35℃。
（2）减速器运转时，最大油温不得超过 90℃。
（3）工作过程中发生故障应立即停止运转。
（4）禁止在运转时进行维修。

8.3.5　异常情况处理

8.3.5.1　故障处理

斗式提升机常见故障及处理方法见表 8-3。

表 8-3　斗式提升机常见故障及处理方法

序号	现象	原因	处理方法
1	料斗撞外壳	链条过长	链条改短
		有料斗变形	更换料斗
		张紧力不够	增加重锤或调整弹簧张力
2	提升机不动作	电源跳闸	合闸
		电机烧坏	更换电机
3	提升机滑链	链条过长	链条改短
		提升机下段卡死	清理提升机下段物质
4	提升机倒料	下料口挡板磨损或脱落	更换挡板

8.3.5.2 紧急停机

（1）提升机轴承温升超过 35℃ 或减速机油温超过 90℃。

（2）提升机工作过程中发生故障，如滑链、掉斗等。

（3）发生重大设备、操作事故以及其它危及操作人员人身安全的事故时。

8.3.5.3 紧急停机操作程序

（1）按下停止按钮，拉下电源开关。

（2）向班长汇报紧急停车原因、现场状况。

（3）配合相关人员处理现场。

8.3.6 检查与维护

8.3.6.1 日常检查

（1）链条、料斗是否变形脱落和磨损。

（2）链条松紧程度是否合适，物料在进料口和底部是否有阻塞现象。

（3）链条、料斗紧固件是否松动脱落。

（4）减速器是否有异常噪声、震动现象。

（5）运转部分不能发生碰撞或卡阻现象。

（6）各轴承内温升是否正常，润滑点是否润滑，各密封处是否有漏油现象。

8.3.6.2 基本维护

（1）在下部区段的拉紧装置应调整适宜，以保证链条具有正常工作的紧张力，但不宜过紧。

（2）不定时进行进料口和提升机底部的卫生清理，防止有异物阻塞进料口。

（3）不定时打开观察孔察看料斗上的紧固件是否脱落，如有脱落现象，及时补加。

（4）在提升机减速器出现漏油时，把油污清理干净。

8.3.7　检修

需要对设备进行检修时，按照附录 2《设备检修交付工作制度》的规定进行检修工作的交接。

8.4　称重皮带机安全操作规程

8.4.1　开车前的准备

8.4.1.1　开车前的调试

（1）调整输送带的跑偏。头部输送带跑偏，调整头部传动滚动筒调整好后将轴承座处的定位螺栓紧固。

（2）尾部输送带跑偏，调整尾部导向滚筒或螺栓拉紧装置，调整好后将轴承座定位块紧固。

（3）中部输送带跑偏，调整上托辊（对上分支）及下托辊（对下分支），当调整一组托辊仍不足以纠正时可连续调整几组，但每组的偏斜角度不宜过大。

（4）在局部位置跑偏，用调心托辊可以自动调整解决。

8.4.1.2　开车前的试运转

（1）试运转前，除一般检查称重皮带的安装是否符合安全技术要求外，还应进行以下检查：

① 减速器和电动滚筒内是否按规定加够润滑油；

② 清扫器、带式逆止器等部件的安装是否符合要求；

③ 点动电动机，观察滚筒转动方向是否正确；

④ 电气信号是否正确。

（2）新安装的称重皮带机在正式投入使用前，应进行轻载运行，察看称重显示器显示是否正常。

（3）试运转期间应进行下列工作：

① 检查输送机各运转部位有无异常声音；

② 检查各轴承有无异常温升；

③ 检查各滚筒、托辊的转动及紧固情况；

④ 检查调心托辊的灵活性及效果；

⑤ 检查输送带的松紧程度；

⑥ 检查各电气设备、按钮是否灵敏可靠；

⑦ 由电工测空载电流、满载电流。

8.4.2 正常运行程序

（1）皮带输送机以空载启动。

（2）待运转正常后，逐步给料。

8.4.3 停机

8.4.3.1 停机前的准备

在接到停机指令后，停止给料。

8.4.3.2 停机程序

（1）按下称重皮带机停止按钮。

（2）把皮带称重显示器上显示的数据恢复为"0"，以便下次开车称重数据准确。

（3）关闭称重显示器。

8.4.4 安全操作要点

（1）必须以空载的方式启动皮带输送机。

（2）只有在皮带上物料输送完毕后方可进行停机。

（3）称重皮带机运转时严禁人员跨越。

（4）称重皮带机在运转中严禁接触各转运部件。

8.4.5 异常情况处理

8.4.5.1 故障处理

称重皮带机常见故障及处理方法见表8-4。

表 8-4　称重皮带机常见故障及处理方法

序号	现象	原因	处理方法
1	输送带打滑	胶带张力小	增加拉紧装置张力
		堵料	停车处理
2	输送带在两端跑偏	滚筒安装不符合技术要求	按技术要求调整
		滚筒表面积尘太多，由圆柱面变成圆锥面	清除表面积尘
3	输送带在中间跑偏	托辊组安装位置不当	调整托辊组位置
		胶带结头不正	重新安装胶带结头
4	输送带空载运转正常，带负荷后跑偏	物料下料不正	使物料置于皮带中间
5	称重显示不准确	未清零 传感器故障	停机清零 更换

8.4.5.2　紧急停机

遇到下列紧急情况时，可以不经请示，直接紧急停机：

① 皮带输送机严重跑偏或皮带损坏；

② 轴承温升超过 35℃或减速机油温超过 90℃；

③ 发生重大设备、操作事故以及其它危及操作人员人身安全的事故时。

8.4.5.3　紧急停机程序

（1）按下停止按钮，拉下电源开关。

（2）向班长汇报紧急停车原因、现场状况。

（3）配合相关人员处理现场。

8.4.6　检查与维护

8.4.6.1　日常检查

（1）输送皮带是否跑偏或磨损。

（2）输送皮带上有无杂物。

（3）皮带输送机减速器或电动滚筒是否缺油。

（4）皮带托辊转动是否灵活，是否偏离。

（5）电机、轴承温度是否正常，地脚螺栓是否紧固。

（6）清扫器是否完好。

（7）挡辊是否正常，轴承座、电机、电滚筒或减速机有无异常声音。

（8）称重显示器显示的数据是否正常。

（9）称重传感器是否正常。

8.4.6.2 基本维护

（1）经常注意减速器或电动滚筒的油位，及时添加润滑油。

（2）及时矫正偏离的托辊，更换转动不灵活的托辊。

（3）清理皮带上存在的杂物。

（4）及时更换受损严重的皮带。

（5）注意滚筒有无渗油现象，如有则及时消除。

（6）保持设备和周围场地洁净，无积灰，无油垢。

8.4.7 检修

需要对设备进行检修时，按照附录2《设备检修交付工作制度》的规定进行检修工作的交接。

8.5 沸腾炉安全操作规程

8.5.1 开车

8.5.1.1 开车前的准备

（1）新砌筑的炉体，需要根据砌筑技术要求，并在专业人员的指导下进行烘炉。

（2）准备燃煤，检查燃煤的粒度和水分是否符合要求。

（3）准备好司炉工具：钩、耙、锹、推车、锤子等。

（4）准备好点火材料：木柴、白煤粉、粗河砂，以及适量引火用油料、废棉纱等。

（5）利用视觉方法检查风帽是否堵塞，圆盘喂料机是否有异物，出渣系统（二次燃烧室，沉降室等）是否堵塞。

（6）检查鼓风机风门开度与操作界面显示是否一致。

（7）检查窑尾引风机风门是否开启，窑膛内负压显示是否正常。

（8）检查给料系统振动给料机现场运行与变频显示是否一致。

（9）对烘干机挡轮、托轮、回转筒大小齿、减速机全面检查，确认各部件配合良好。

（10）手动盘车，转动电动机三角带槽轮至少 8～10 圈，确认回转滚筒内无物料，方可进行启动。

8.5.1.2　开车前的调试

（1）在沸腾炉风床上均匀铺上厚 100mm 干粗黄砂。

（2）开启引风机。

（3）开启鼓风机，并调节鼓风机、引风机开度，至黄砂呈鼓泡状运动；观察沸腾状态，检查有无风帽堵塞。

（4）若有堵塞，则停风机将风帽掏通直至整个炉床均匀沸腾为止。

8.5.1.3　开车程序

（1）在主沸腾床上铺干粗黄砂至床料厚度约为 200mm，加入床料总量约 8%的优质碎烟煤，开启风机使之混合均匀后停机。

（2）零位启动引风机。

（3）在料层上面放置一定量的木材，点火。待底砂出现发红，零位启动鼓风机，逐渐增加负荷，至河砂呈鼓泡状运行。同时调节引风机负荷，保障烟气不外溢影响环境，同时又不影响火的燃烧。

（4）观察炉内燃烧情况，逐步添加白煤粉，使炉膛温度达 800℃。

（5）待运行稳定后，启动圆盘喂料机给料，添加白煤粉或焦煤粉，升温到 800～1100℃。

（6）此时可根据运行情况，启动烘干物质给料系统进行烘干操作。

8.5.2 正常运行操作

（1）调节给煤量、给料量、鼓风机开度、引风机开度，保障炉膛温度在 800～1100℃ 范围内，进行烘干操作。

（2）若需要暂时停止烘干操作，则进行压火操作：

① 压火前，停止给物料，减少燃料给料量，迅速加入料层总量 7% 左右的煤粒后，待炉温下降到 950℃（肉眼观察呈橘黄色）左右；

② 关闭鼓风机和引风机，密闭风门和炉门，进入压火状态，关闭主风机半小时后再停止布袋收尘器运转、断开输送机电源和关闭贮气罐阀门；

③ 如压火时间 3h 以上，4h 吹一次火，加燃料，待温度升到 950℃时，再次压火。

（3）若压火后需要继续烘干，则进行吹火操作：

① 开起鼓风机，逐步添加燃料，缓慢打开鼓风风门，使炉温逐步升高，达到 800℃时开启引风机，同时不断搅拌炉料，扒去焦块；

② 增加引风机负荷，待整体炉料均匀地转为橘黄色后，开启圆盘喂料机，将煤粉送入沸腾炉；

③ 随着炉膛温度的升高，升高至 800～1100℃时，启动烘干物料等流程进行烘干操作。

8.5.3 停车

8.5.3.1 停车前的准备

物料储备足够时，确认干燥系统不再需要运行。

8.5.3.2 停车操作

（1）接到停车的指令后，先停止给煤，待炉温下降到 800℃

（肉眼观察呈橘红色）左右，关闭风机，迅速用加入料层总量
7％左右的煤粒后，开启风机运行 3～4s，使煤与炉料充分混合，
在炉温尚未上升之前关闭鼓风机和引风机，密闭风门和炉门，进
入压火状态。

（2）压火 30min 后，待回转烘干窑内物料全部输送完后，
停烘干系统其它相关设备。

（3）压（熄）火后约 1h，停除尘系统，打开排渣阀，停引
风，同时逐步减少鼓风开度至 10％。

8.5.4　安全操作要点

（1）停机时，只有待回转烘干窑温度冷却到 70℃以上，方
可停回转烘干窑。

（2）正常运行中添加煤粉应做到少加、勤加。

（3）观察沸腾炉燃烧情况时，必须佩戴护目镜。

（4）炉子点火或观察时，不得正面向里看，防止喷火烧伤。

（5）点火时，柴油要烧尽，防止积油产生爆燃。

（6）如炉内火色发黄、发白或温度超过上限，应停止供煤并
向炉内加沙压火，以免炉内结焦；如火色变暗，应减少鼓风量，
再加适量煤粉；如突然断煤，为防止死火，应立即停止鼓风。

8.5.5　异常情况处理

8.5.5.1　故障处理

沸腾炉常见故障及处理方法见表 8-5。

表 8-5　沸腾炉常见故障及处理方法

序号	现象	原因	处理方法
1	低温结焦	通常在点火或压火时出现，布风不均是其产生的主要原因，炉温偏低、火口没有及时扒散也可形成低温结焦	及时用耙子扒散较旺火口，控制在 600～700℃ 以前的升温时间，引火煤要做到勤投、少加、投散 低温结焦可在升温过程中用料耙扒出

续表

序号	现象	原因	处理方法
2	高温结焦	温度上升到1100℃以上，不及时采取放底渣等降温措施，容易产生高温结焦。正常操作底砂过厚，喂燃煤量变大，或煤发热量变高，或风煤比控制不当，也易产生高温结焦	密切注意炉内变化情况，发现炉内湿度升高，多处发现小孔喷火时，迅速断煤，用超量的送风猛吹沸腾层，同时采用放掉过多的底渣、向沸腾层加入适量冷湿炉渣等措施 结焦不严重时，可加大鼓风引风、除焦。严重结焦时停炉清除后再点火开炉

8.5.5.2 紧急停车

发生以下情况时，可采取紧急停车措施：

① 沸腾炉炉膛内发生爆炸或炉膛发生垮塌等异常情况；

② 沸腾炉墙及钢梁烧红现象时；

③ 布袋除尘器入口温度超标，引风机跳闸等其它危及安全的事故时。

8.5.5.3 紧急停车程序

（1）立即停止给煤。

（2）进行压火操作。

（3）停鼓风机，引风机系统。

（4）断开相应设备的电源开关。

（5）向班长汇报急停原因，现场状况。

8.5.6 检查与维护

8.5.6.1 日常检查

（1）炉膛温度等指标是否在正常范围内。

（2）炉内有无结焦现象。

（3）炉体有无变形、开裂、垮塌现象。

（4）风帽有无堵塞、损坏现象。

（5）炉内有无杂物。

8.5.6.2 基本维护

（1）及时更换损坏或堵塞的风帽。

（2）当出现结焦现象时，及时进行耙掉或处置。

（3）清理炉内存在的杂物。

（4）保持设备和周围场地洁净，无积灰，无油垢。

8.5.7 检修

设备的检修按照附录 2《设备检修交付工作制度》进行。

8.6 电动葫芦安全操作规程

8.6.1 开车准备

开车前需要做好以下的调试工作。

（1）电极主轴窜动量的调整

开车前调整小车轮缘与轨道翼缘间隙，保证在 3～5mm 之间，锥形转子电动机主轴轴向窜动量一般在 1.5mm 时制动效果最佳。如果电动葫芦在额定载荷时下滑量过大，须进行调整，调整方法如下：5t 及以下的葫芦电机调整时取下尾罩，旋掉固定调整螺母的 4 支螺钉，用扳手按顺时针方向将调整螺母旋至极限位置，再逆时针旋 1 圈，然后装上紧固螺钉即可。

（2）限位器的调整

限位器的调整时通过调整限位杆上的两个撞块实现的，调整的方法是：松开撞块上的螺钉，撞块分置于导绳器卡板两侧，卡板能自如地推动撞块移动，启动电机开始起升，卡板推动上限撞块移动，升至吊钩滑轮外壳上沿距卷筒外壳下沿 150～50mm 时停止上升，点动下降按钮，导绳器向回移动 10mm 左右时停机，移动上限撞块靠近卡板，旋紧螺钉即可。

下限位置的调整同上，只是方向相反，但必须保证吊钩处于最低位置时卷筒上留有 3 圈以上钢丝绳。

（3）开车前的试运行

① 空载运行

a. 用手按下相应按钮，检查各机构动作是否与按钮装置上标定的符号相一致，确定正确后应再连续各作两个循环；

b. 将吊钩升降至极限位置，察看限位器是否可靠；

c. 点动按钮，目测电极轴轴向窜动量，应在 1～2mm 范围内；

d. 经空载试验后无异常，即可进行负载试验。

② 静载试验　额定电压下，以 1.25 倍的额定载荷，起升离地面 100mm，静止 10min 后卸载，检查有无异常现象；

③ 动载试验　额定电压，以 1.1 倍的额定载荷进行动载悬空试验，试验周期为 40s（升 6s、停 14s、降 14s、停 6s），如此进行 15 个周期，试验后目测各部位有无异常现象，无异常则合格。

8.6.2　正常运行程序

（1）将电动葫芦运行到吊运物料正上方。

（2）将吊运物料固定牢靠。

（3）点动电动葫芦，使物料缓慢提升高于地面 0.5m，防止物料大幅晃动。

（4）将物料吊运至指定位置。

8.6.3　停机

（1）卸下吊运物料。

（2）起升吊钩至电动葫芦下 1m 处。

（3）拉开电源的总闸，切断电源。

8.6.4　安全操作要点

（1）特种设备作业人员应持证上岗。

（2）超载或物体重量不清，吊拔埋置物及斜拉、斜吊等。

（3）电动葫芦的制动器、限位器失灵，吊钩螺母防松装置损坏，钢丝绳断丝超过规定应立即停止运行。

（4）吊挂不牢或不平衡而可能滑动，重物棱角处与钢丝绳之间未加衬垫。

（5）作业地点昏暗，无法看清场地和被吊物。

（6）无下限限位器的电动葫芦，在吊钩处于最低工作位置时，卷筒上的钢丝绳必须保留 3 圈以上安全圈。

（7）使用中如有异常响声，应遵循先停车后检查、排除故障后再开车程序。

（8）重物接近或达到额定载荷时，应先作小高度短行程试吊，再以最小高度吊运，吊重物运行时不得从有人的上方通过。

（9）不得利用限位器停车，不得在吊起重物时调整制动器、进行检查和维修。

（10）起吊物体、吊钩在摇摆状态下不能起吊。

（11）严禁用电动葫芦手电门线拉其它物体。

（12）电动葫芦不工作时，不允许把重物悬于空中，防止零件产生永久变形。

（13）钢丝绳上油时应该使用硬毛刷或木质小片，严禁直接用手给正在工作的钢丝绳上油。

8.6.5 异常情况处理

8.6.5.1 故障处理

电动葫芦常见故障及处理方法见表 8-6。

表 8-6 电动葫芦常见故障及处理方法

现象	原因	处理方法
启动后，电机不转，不能提起重物	过度超载	不允许电机超载使用
	电压比额定电压低 10% 以上	等电压恢复正常再使用
	电器有故障，导线断开或接触不良	检修电器与线路
	制动轮与后端盖锈蚀咬死，制动轮脱不开	卸下制动轮，清洗锈蚀表面

现象	原因	处理方法
制动不可靠，下滑距离超过规定要求	因制动环磨损或其它原因，使弹簧压力减小	按开车前调试方法进行调试
	制动环与后端盖锥面接触不良	拆下修磨
	制动面有油污	拆下清洗
	制动环松动	更换制动环
	压力弹簧疲劳	更换弹簧
	联轴器窜动不灵或卡死	检查其联结部分
电动机温度异常	超载使用	不允许超载使用
	作业过于频繁	按FC30％工作制
	制动器间隙太小，运转时制动环未完全脱开，相当于附加载荷	重新调整间隙
减速器响声过大	润滑不良	拆卸检修
	齿轮过度磨损，齿间间隙过大	
	齿轮损坏	
	轴承损坏	
启动时电机有异常	电源及电机少相	检修或更换接触器
	交流接触器接触不良	
重物升至半空中，停车后不能再启动	电压过低或波动大	等电压恢复正常后再启动
启动后不能停车，或者到极限位置时仍不能停车	交流接触器触头熔焊	迅速切断总电源拆卸检修或更换交流接触器
	限位器失灵	
减速器漏油	箱体与箱盖之间密封圈装配不良或失效损坏	拆下检修或更换密封圈
	连接螺钉未拧紧	拧紧螺钉

续表

现象	原因	处理方法
电机锥形转子与定子间间隙太小发生碰擦	电机轴上支撑圈磨损严重,转子铁芯轴向位移或定子铁芯位移	拆下更换支撑圈,使定子转子锥面之间有均匀的间隙,每边为0.35~0.55mm

8.6.5.2 紧急停机

遇到以下紧急情况时,可不经请示直接采取紧急停机措施:

① 在运行过程中升降机构突然失灵;

② 减速机齿轮严重磨损,不能正常转动;

③ 钢丝绳缠绕在其它物件上;

④ 在运行过程中电机、减速机温升超过 90℃时;

⑤ 发生操作事故以及其它危及操作人员人身安全事故时。

8.6.5.3 紧急停机程序

(1) 按下停止按钮,拉下电源开关。

(2) 向班长汇报急停原因。

(3) 配合相关人员处理现场。

8.6.6 检查与维护

8.6.6.1 日常检查

(1) 钢丝绳钢绳能否继续可靠使用或更换。

(2) 轴承座是否固定牢靠,轴承盖是否紧密,轴承内润滑油是否充足以及垫料是否紧密。

(3) 卷筒和滑轮的轮缘的凸缘是否完整无缺,轴承润滑系统是否良好,滑轮能否在轴上自由回转,以及轴承和轴的固定是否牢靠。

(4) 联轴节是否牢固地固定在轴上,连接两半联轴节用的螺栓是否旋紧,有无松动以及在工作时跳动等现象。

8.6.6.2　基本维护

（1）轴承在换油时必须将轴承用煤油清洗，轴承的温度在正常工作情况下应不超过80℃。轴承的温度过高可能是由于污秽、润滑不良、安装不正确或其它的配件损坏所造成的。

（2）齿轮联轴器内必须定期加润滑脂。

8.6.7　检修

需要对设备进行检修时，按照附录2《设备检修交付工作制度》的规定进行检修工作的交接。

8.7　卷扬机安全操作规程

8.7.1　开车前的准备

8.7.1.1　开车前的检查

（1）使用前应全面检查卷扬机的机械装置和电器系统。机械装置应润滑充分、动作灵活、声音正常，齿轮咬合时声音应正常，如有异常声音应停机检修。特别是制动器应松紧适度、控制开关操作灵活、切换正确无误。

（2）卷扬机卷筒及减速机固定牢固，弹性联轴器不得松旷，并应检查安全装置、防护装置、电气线路、接零或接地线、制动装置和钢丝绳等。

（3）点动卷扬机，卷筒旋转方向应与操纵开关上的指示方向一致。

（4）钢丝绳应与卷筒连接牢固，不得与机架或地面摩擦。

（5）在卷扬机行程范围内，不得有障碍物或卡阻现象。

8.7.1.2　开机

卷扬机应空载试运行，正常后方可投入使用。

8.7.2　正常运行程序

（1）准确掌握卷扬机拖运物料的特性、拖运量及工作条件。

（2）润滑点定期加油，及时更换不符合要求的钢丝绳。

8.7.3 停机

（1）停止卷扬机运行，松开钢丝绳上重物。

（2）断开卷扬机电源。

（3）检查卷筒上钢丝绳是否缠绕整齐。

8.7.4 安全操作要点

（1）作业中，任何人不得跨越正在作业的卷扬钢丝绳。卷扬机启动后，操作人员不得离开卷扬机。

（2）作业中如发现异常声音、制动不灵、制动带或轴承等温度剧烈上升等异常情况时，应立即停机检查，排除故障后方可使用。

（3）卷筒上的钢丝绳应排列整齐，当重叠或斜绕时应停机重新排列，严禁在转动中用手拉脚踩钢丝绳。

（4）卷扬机运行时，为保证钢丝绳端固定牢固，余留在卷筒上的钢丝绳不得少于 5 圈。

（5）保证钢丝绳绕入卷筒的中部并与卷筒轴线垂直，以保证卷筒受力对称性，保证在使用过程中不因受侧向力而发生设备故障。

（6）卷扬机缠绕多层钢丝绳时，应保证钢丝绳按顺序逐层地紧缠在卷筒上，从而依次排列整齐。钢丝绳最外一层应低于卷筒两端凸缘高度一个绳径。

8.7.5 异常情况处理

8.7.5.1 故障处理

卷扬机常见故障及处理方法见表 8-7。

表 8-7 卷扬机常见故障及处理方法

序号	现象	原因	处理方法
1	输入端漏油	油量过多	放掉多余油量至油标端部 2cm 刻度即可

续表

序号	现象	原因	处理方法
2	油窗盖漏油	螺钉松动、脚垫错位	放正脚垫，旋紧螺钉
3	制动部位有冲击声，转动抖动	制动轮轮销松动、缓冲胶套磨损	旋紧轮销螺母，更换缓冲胶套
4	制动失灵	制动闸瓦磨损	调整制动顶杆，更换闸瓦
5	制动电磁头发烫，放松迟缓	电磁铁电源接触不良、制动顶杆电磁铁过量、吸合困难	检查电源接头，调整顶杆电磁衔铁自由状态的接触距离不大于15mm，人为松刹不困难为宜

8.7.5.2 紧急停机

遇到以下紧急情况时，可不经请示直接采取紧急停机措施：

① 拖运货物脱轨；

② 钢丝绳突然断裂；

③ 制动器失灵。

8.7.5.3 紧急停机程序

（1）按下停止按钮。

（2）向班长汇报停机原因。

（3）协助检修人员进行处理。

8.7.6 检查与维护

8.7.6.1 日常检查

（1）随时检查钢丝绳有无断裂，绳卡是否坚固、打结、交缠或碰到障碍物，及时更换有断裂迹象的钢丝绳。

（2）经查检查轨道是否变形，所有地滑轮是否正常灵活。

（3）紧固松动的连接件及地脚螺栓。

8.7.6.2 基本维护

（1）保持钢丝绳清洁。

（2）绳筒、轴瓦及减速器及时补充润滑油。

（3）更换损坏的地滑轮。

8.7.7　检修

需要对设备进行检修时，按照附录 2 的规定进行检修工作的交接。

8.8　双梁桥式起重机安全操作规程

8.8.1　开车前的准备

8.8.1.1　开车前的调试

经外部检查及用手转动起重机各机构一切都很正常，方能进行空载试车。

（1）按下列程序对小车机构进行试车

① 用手转动制动轮，当最后一根被动轴（如卷筒和小车轮轴）旋转 1 周时，所有传动机构都应平稳转动，不得有卡阻现象；

② 再开动电动机使小车各机构在空载下转动，此时所有的传动机构和其它部分零部件不得有不正常现象，在反转方向时联轴器不得有冲击响声；

③ 试运行起升机构时，应将悬挂具升降 3 次，试验小车运行机构时使小车沿大车桥架往返运行 3 次，此时应详细检查极限开关。

（2）按下列程序试验大车运行机构

① 做手动空转试验，用手转制动轮，当车轮旋转 1 周时，传动机构所有部分都应平稳转动，此时应检查和纠正车轮与轨道的接触不良缺陷；

② 开动电动机，使起重机先慢车行走几次，然后以正常速度行走，此时行机构所有部件都应平稳地工作，没有振动、冲击等现象；

③ 沿厂房行车轨道往返移动几次，检查大车运行是否平稳。

（3）负荷试车

无负荷运转试验后，才进行负荷试验。先做静负荷试验，再做动负荷试验。负荷试验的目的是检查大车起升机构及其部件的强度和刚度（包括检查起重机轨道的强度）。

（4）负荷试车应检查：

① 起重机金属结构的横梁结合处的螺栓和焊接的质量；

② 机械设备金属结构和吊具的强度和刚性；

③ 制动器开关是否灵活；

④ 减速器无杂音及漏油现象；

⑤ 润滑部分的润滑性良好，轴承温升不超过规定；

⑥ 各机构在运行时应平稳、无震动现象。

（5）静负荷试车

① 将小车开到大车一端，在量柱上划出零位（即此时梁的下挠度）作为零；

② 再将小车开到大车中部，起吊等于额定起重机的荷重升到一定高度（一般为100mm）空悬荷重10min，此时测量大梁的下挠度，大梁的下挠度不应超过跨度的1/700，不允许大梁永久变形；

③ 若没变形，就做超荷重25％的试车，超荷重试车方法和条件与额定荷重试车时相同，若下挠度超过跨度的1/700，则再做一次额定荷重的静负荷试车。

（6）动负荷试车

静负荷试车后，方可做动负荷试车。动负荷试车在超额荷重10％下，反复做起升和下降试车，在负荷下做移动构件试车和做大车小车运行终点、开关的试验。

（7）电气部分试验

① 起升机构反复运转的时间不超过10min，运行机构反复运转的时间不超过20min，在起升机构和运行机构交替运转情况下试验时间不受限制，只有当机构完全停止后才能反转；

② 当控制器在不同位置时，检查电动机运转是否正常；

③ 检查各种限位装置和联锁装置在运转时是否正常；

④ 电气设备在运转中电动机和电气设备的温升不得超过规定值，各连接点不得有烧灼现象。

8.8.1.2　开车前的试运行

起重机在试运行时，抓斗本身重量应计算在起重机额定起重量之内，若抓斗本身重量为 1200kg，则 5t 起重机所抓物料的重量不超过 3800kg。

8.8.2　正常开车程序

（1）双梁桥式起重机开车前认真检查设备机械、电气部分和防护保险装置是否完好、可靠。

（2）双梁桥式起重机升降时，操纵主控器，注意主控器的每一挡位置要相互对准；操纵主控器，操纵钢绳升降；正常使用时应将主控器手柄推至第五挡，在切除全部启动电阻下运转。

（3）操作控制器手柄时，先从 "0" 位转到第一挡，然后逐级换挡加减速度；换向时，必须先转回 "0" 位；当接近卷扬限位器、大小车临近终端或与邻近行车相遇时，速度要缓慢。

（4）起升重要物品时，不论重量多少，先稍微起升重物离开地面 0.5m，验证制动器的可靠性以后再正常起升。

8.8.3　停车

8.8.3.1　停车准备

操作人员在接到地面停机信号时，卸下所吊物件。

8.8.3.2　停车程序

（1）停车时应将吊钩升至接近上极限 2m 处，禁止在空中悬吊挂具、吊物。

（2）将起重小车停放在主梁离大车滑触线的另一端 2m 处。

（3）大车开到固定停放位置。

（4）把所有控制器手柄应回零位，将紧急开关扳转断路，拉下保护柜刀开关，关闭司机室门后下车。

8.8.4　安全操作要点

（1）起重工须持有操作证方能独立操作，未经专门训练或考试不得单独操作。

（2）每班运行前进行一次空载试验，检查各部位有无缺陷、安全装置是否灵敏可靠。

（3）起重工在得到指挥信号后方能进行操作，双梁桥式起重机启动时应先打警铃。

（4）严禁两台双梁桥式起重机同时起吊同一物件。

（5）如果控制器、制动器、限位器、电铃、紧急开关等主要附件失灵，严禁吊运。

（6）当双梁桥式起重机发生危险时，均需停车并立即切断电源。

（7）工作停歇时，不得将起重物悬在空中停留。

（8）运行中，落放吊件时应打铃警告，严禁吊物在人上方越过，吊运物件离地不得低于 2m。

（9）行驶时注意轨道上有无障碍物。

（10）不准用反车代替制动、限位器代替停车。

（11）运动中发生突然停电，必须将开关手柄放置于"0"位。起吊件未放下或索具未脱钩，不准离开行车操作岗位。

（12）应在规定的安全走道、专用站台行走或扶梯上下；大车轨道两侧除检修外不准行走；小车轨道上严禁行走；不准人员从一台桥式双梁起重机跨越到另一台桥式双梁起重机。

（13）双梁桥式起重机运行时，严禁有人上下扶梯。

（14）严禁在运行时进行检修和调整机件。

（15）起重机带重物运行时，重物最低点离重物运行线路上的最高障碍物至少 0.5m。

（16）起重工必须严格执行"十不吊""六不准"。

①"十不吊"

a.超载或被吊物重量不清不吊；

b.指挥信号不明确不吊；

c.捆绑、吊挂不牢或不平衡，可能引起滑动时不吊；

d.被吊物上有人或浮置物时不吊；

e.结构或零部件有影响安全工作的缺陷或损伤时不吊；

f.遇有拉力不清的埋置物件时不吊；

g.工作场地昏暗，无法看清场地，被吊物和指挥信号不明时不吊；

h.被吊物棱角处与捆绑钢绳间未加衬垫时不吊；

i.歪拉斜吊重物时不吊；

j.容器内装的物品过满时不吊。

②"六不准"

a.上班时间不准睡觉，不准离开操作室和做与工作无关的事情；

b.上班前、上班期间不准饮酒；

c.未按规定穿戴好防护用品不准工作；

d.不准吸烟；

e.未戴安全帽不准工作；

f.安全设施不全不准行车运行。

8.8.5　异常情况处理

8.8.5.1　故障处理

双梁桥式起重机常见故障及处理方法见表 8-8。

表 8-8　双梁桥式起重机常见故障及处理方法

序号	现象	原因	处理方法
1	启动后，电机不转，不能提起重物	超载	严格按额定载重操作
		电压比额定电压低 10% 以上	等电压恢复正常再使用
		电器有故障，导线断开或接触不良	检修电器与线路
		制动轮与后端盖锈蚀咬死，制动轮脱不开	卸下制动轮，清洗锈蚀表面

续表

序号	现象	原因	处理方法
2	制动不可靠，下滑距离超过规定要求	因制动环磨损或其它原因，使弹簧压力减小	按开车前调试方法进行调试
		制动环与后端盖锥面接触不良	拆下修磨
		制动面有油污	拆下清洗
		制动环松动	更换制动环
		压力弹簧疲劳	更换弹簧
		联轴器窜动不灵或卡死	检查其联结部分
3	电机温度异常	超载使用	严格按额定载重操作
		作业过于频繁	按 FC30％工作制
		制动器间隙太小，运转时制动环未完全脱开，相当于附加载荷	重新调整间隙
4	减速器响声过大	润滑不良	拆卸检修
		齿轮过度磨损，齿间间隙过大	
		齿轮损坏	
		轴承损坏	
5	启动时电机有异常	电源及电机少相	检修或更换接触器
		交流接触器接触不良	
6	重物升至半空中，停车后不能再启动	电压过低或波动大	等电压恢复正常后再启动
7	启动后不能停车，或者到极限位置时仍不能停车	交流接触器触头熔焊	迅速切断总电源，拆卸检修或更换交流接触器
		限位器失灵	
8	减速器漏油	箱体与箱盖之间密封圈装配不良或失效损坏	拆下检修或更换密封圈
		连接螺钉未拧紧	拧紧螺钉

序号	现象	原因	处理方法
9	电机锥形转子与定子间间隙太小发生碰擦	电机轴上支撑圈磨损严重，转子铁芯轴向位移或定子铁芯位移	拆下更换支撑圈，使定子转子锥面之间有均匀的间隙，每边为 0.35～0.55mm
10	运行时有杂音	滚动轴承损坏	更换滚动轴承
		齿轮磨损严重	更换齿轮
11	结合面或轴端漏油	油面过高	将油放到规定位置
		上下结合面螺栓没拧紧或变形	拧紧或研磨
		上下结合面密封失效	重新密封
		轴封损坏	更换轴封
12	机壳温升高	缺润滑油	加油至规定值
		轴承损坏	更换轴承
		超负荷运转	降低负荷

8.8.5.2　紧急停车

遇到以下紧急情况时，可不经请示直接采取紧急停车措施：

① 双梁桥式起重机在运行过程中升降机构突然失灵；

② 双梁桥式起重机减速机齿轮严重磨损，不能正常转动；

③ 在运行过程中行车电机、减速机温度超过 90℃时；

④ 发生操作事故以及其它危及操作人员人身安全事故时。

8.8.5.3　紧急停车程序

（1）按下停止按钮，拉下电源开关。

（2）向班长汇报急停原因。

（3）配合检修人员处理现场。

8.8.6　检查与维护

8.8.6.1　日常检查

（1）钢丝绳断丝是否在允许范围内。

（2）轴承座是否固定牢靠，轴承盖是否紧密，轴承内润滑油是否充足以及垫料是否紧密。

（3）卷筒和滑轮的轮缘的凸缘是否完整无缺。

（4）轴承润滑系统是否良好，滑轮能否在轴上自由转动，以及轴承和轴的固定是否牢靠。

（5）联轴节是否牢固地固定在轴上，两半联轴节用的螺栓是否旋紧。

8.8.6.2　基本维护

（1）轴承在换油时必须将轴承按规范清洗。

（2）轴承的温度在正常工作情况下应不超过 80℃。

（3）齿轮联轴器内定期加润滑脂。

8.8.7　检修

需要对设备进行检修时，按照附录 2《设备检修交付工作制度》的规定进行检修工作的交接。

8.9　离心风机安全操作规程

8.9.1　开车

8.9.1.1　开车前的检查

（1）主引风机地脚螺栓是否松动，油位是否正常，冷却水是否打开。

（2）清除轴承箱及电机上的杂物、积灰和油污。

（3）检查孔、管道等处是否漏风。

（4）阀门动作是否灵活可靠，位置是否正确。

（5）减速机润滑油是否正常，密封阀门是否动作灵活、封闭严密。

（6）电机防护罩是否齐全、完整。

8.9.1.2　开车前的试运转

试运转时观察电流，不要超过电动机的额定电流，运行时间为 2h，同时测量电机部位的振动值和轴承温升，振动值小于或等于 10mm/s，轴承温升不超过 35℃。

8.9.1.3　开车程序

（1）打开风机风门至全开状态，并使用锁止穿销固定风门开度。

（2）打开风门出口阀。

（3）使用变频器 5～10Hz 缓慢启动风机，根据实际情况待频率反馈正常后，逐步加至日常使用的频率。

8.9.2　正常运行

（1）检查风机机组各部分的间隙大小，转动部分不允许有碰撞，所有固定零件应拧紧。

（2）检查电气线路及仪表安装是否正确和完好。

（3）在电机启动过程中，应严格检查机组的运转情况，发现有强烈的噪声或剧烈的震动，应立即停车检查，并消除故障。

（4）当风机启动达到正常状态时，逐渐打开进风口阀门。

8.9.3　停车

8.9.3.1　停车前的准备

准备相应的清灰工具。

8.9.3.2　停车程序

缓慢打开配风阀，同时逐渐关闭出口阀直至全关，当电流降至最低时按下停车按钮，最后关闭进风阀。

8.9.4　安全操作要点

（1）随时注意风机轴承润滑是否良好、冷却情况及温度变化情况。

（2）轴承工作温度不超过 80℃。

（3）注意机组有无震动及撞击声。

（4）不允许风机长时间在超负荷状态下运行。

（5）引风机维护工作注意事项

① 只有风机设备完全正常的情况下，方可运转；

② 如风机设备在检修后启动时，注意风机各部位是否正常；

③ 为确保人身安全，风机的维护必须在停机时进行。

（6）风机正常运转注意事项

在风机开车、停车或运转过程中，如发现不正常现象应立即进行检查，设法消除，如发现故障应立即停车，进行检修。

8.9.5　异常情况处理

8.9.5.1　故障处理

（1）风机剧烈震动　原因及处理方法如下：

① 风机轴与电机轴不同心　调整风机联轴器同心度；

② 机壳或进风口与叶轮摩擦　查看机壳或进风口与叶轮之间有无杂物卡住；

③ 基础的刚度不够或不牢固　加强风机地基基础；

④ 叶轮铆钉松动或叶轮变形　拧紧叶轮铆钉，校正或更换叶轮；

⑤ 叶轮轴盘孔与轴配合松动　调整轴盘孔与轴之间的松紧度；

⑥ 机壳、轴承座与支架、轴承座与轴承盖等连接螺栓松动　拧紧各松动部位；

⑦ 风机进、出口管道安装中心线错位，产生共振　校正风机进出口管道安装位置，使其在同一直线上；

⑧ 叶片有积灰、污垢，叶片磨损，叶轮变形，轴弯曲，使转子产生不平衡　定期清扫叶片上的积灰，更换和校正叶轮。

（2）轴承温升过高　原因及处理方法如下：

① 轴承箱剧烈震动，轴承箱摆放不平稳　调整轴承箱基线；

② 润滑剂质量不良、变质或含有灰尘、沙粒、污垢等杂质

或填充量不足　检查润滑剂是否符合标准，经过"五定、三过滤"规定进行油品的过滤合格后再进行添加；

④ 轴承盖、座连接螺栓张力过大或过小　调整张力松紧度；

④ 轴与滚动轴承安装歪斜，前后两轴承不同心　调整轴与滚动轴承中心线；

⑤ 滚动轴承损坏或轴弯曲　更换轴承；

⑥ 冷却水过少或中断　加大冷却水流量。

（3）电机电流过大或温升过高　原因如下：

① 开车时进、出气管道闸门未关；

② 电机输入电压低或电源单相断电；

③ 受轴承箱剧烈震动的影响；

④ 主轴转速超过额定值；

⑤ 风机输送的气体密度过大或温度过低，使压力过大。

8.9.5.2　紧急停车

当出现下列情况时应采取紧急停车措施：

① 轴承温度迅速上升至＞65℃或出现剧烈波动；

② 风机机体发生剧烈震动或撞击；

③ 电动机、风机轴承等部位冒烟或着火；

④ 机组转子轴向位移大于 0.5mm。

8.9.5.3　紧急停车程序

（1）按下紧急停车按钮，拉下电源开关。

（2）向班长汇报急停原因、现场状况。

（3）配合检修人员处理现场。

8.9.6　检查与维护

8.9.6.1　日常检查

（1）风机电机温度是否正常。

（2）风机减速机油位是否正常。

（3）叶轮是否完好。

（4）轴与滚动轴承是否偏离中心线。

8.9.6.2　基本维护

（1）定期清除引风机内部特别是叶片处积灰污垢等杂质，并防止生锈。

（2）除风机检修后更换润滑剂外，正常情况下每月更换一次润滑剂。

8.9.7　检修

需要对设备进行检修时，按照附录2《设备检修交付工作制度》的规定进行检修工作的交接。

8.10　智能出炉机器人安全操作规程

8.10.1　开停机操作方法

操作工先确认一楼急停按钮复位，电控柜总开关在开位状态，操作台控制电源钥匙接通，刷新所有视频保证显示正常，与出炉班长沟通智能机器人操作区域无人后，点击启动按钮进行启动，开始正常操作。

8.10.2　具体操作方法

8.10.2.1　烧穿器使用方法

（1）操作台点击启动按钮，（自动/人工）开关向上扳动打至自动，（取工具/放工具）开关向上扳动扳至取工具位，扭动1$^\#$工具位旋钮抓取烧穿器，到位后，（上电/断电）开关向上扳动上电，点击触摸屏确认进入烧炉眼模式，（自动/人工）开关向下扳动打至人工，通过左使能摇杆（大车和小车前进、后退）和右使能摇杆（上下左右动作）控制进行烧炉眼。

（2）烧眼完毕后，退出烧穿器使碳棒离开炉眼外口，（自动/人工）开关向上扳动打至自动，操作台（上电/断电）开关向下扳动至断电，操作台（取工具/放工具）开关向下扳动至放工具位，扭动 1# 工具位旋钮放回烧穿器，智能机器人自动系统回零。

8.10.2.2 带钎操作

（1）按班长指定的出炉时间及时烧开或用钢钎捅开，使电石流出，当电石流出不畅时使用钢钎深捅或浅捅，缩短出炉时间。

（2）操作台（自动/人工）开关，向上扳动打至自动，操作台（取工具/放工具）开关向上扳动打至取工具，抓取 5# ～9# 工具钢钎，到位后操作台（自动/人工）开关向下扳动打至人工，用右使能摇杆调整 1 轴、3 轴位置，找准眼位，然后通过左使能摇杆（使能键控制大车前进、后退，加速键控制 6 轴小车自动伸缩）进行手动带钎作业，或操作台（自动/人工）开关向上扳动打至自动，点击带钎子按钮进行自动带钎作业。

8.10.2.3 扒炉舌操作

人工操作：当出炉过程中炉舌表面电石积存较多，影响热电石正常流出时，利用堵头将炉舌表面电石扒出深沟，使热电石可以顺利流出。

智能机器人操作：操作台（自动/人工）开关向上扳动打至自动，操作台（取工具/放工具）开关向上扳动打至取工具，抓取 3# 或 4# 位工具，到位后点击修炉舌按钮进行扒炉舌作业。

8.10.2.4 封堵炉眼操作

（1）人工操作

① 先用烧穿器找正眼位进行维护。外口 400mm、内径 150mm、深度 500mm 以上。

② 封堵炉眼前，先备好一堆电石渣，由两人配合，一人扔电石渣，一人往里推配合进行作业，直到电石不流为止，为防止炉眼跑眼，应将电石渣堵实。

③ 遇到炉眼难堵时：a. 先把炉舌清理干净，用烧穿器重新修复炉眼，堵眼之前用堵头先试探眼子大小、深浅；b. 然后用铁锹送入电石渣到炉眼，再用堵头推至炉眼深处，反复多次将炉眼封死。

（2）智能机器人操作

操作台（自动/人工）开关向上扳动打至自动，操作台（取工具/放工具）开关向上扳动打至取工具位，抓取 12$^{#}$ 位工具，到位后点击屏幕控制，之后点击喷料动作。

8.10.2.5　清炉舌操作

操作台（自动/人工）开关向上扳动打至自动，操作台（取工具/放工具）开关向上扳动打至取工具，抓取 11$^{#}$ 工具钢钎，到位后操作台（自动/人工）开关，向下扳动打至人工，用右使能摇杆调整 1 轴、3 轴位置，找准位置，然后通过左使能摇杆（推一半控制大车前进，拉一半控制大车后退，推到位控制 6 轴小车自动伸缩）进行清炉舌作业。

8.10.2.6　取样操作

操作台（自动/人工）开关向上扳动打至自动，操作台（取工具/放工具）开关向上扳动打至取工具位抓取 2$^{#}$ 位工具，到位后点击进入屏幕控制，点击"采样动作"按钮进行取样；取样后将 2$^{#}$ 工具放回工具架上，在智能机器人打样时严禁拉锅操作。

8.10.3　操作注意事项

（1）启动智能机器人前，先确认安全护栏内无人，智能机器人处于安全位置，执行自动动作无碰撞危险。

（2）在每次出炉操作前对工具进行目测检查，并确保工具与工具架卡槽在同一直线，对有问题的工具进行校正和抓取调试。

（3）智能机器人在出炉过程中抓取工具异常时，操作人员只允许切换工具使用，禁止在设备运行中校正工具。

（4）智能机器人在出炉过程中工具归位出现异常时，操作人员应停止智能机器人，切换至手动操作，放置工具后进行后续操作。

（5）手动操作必须有人拿对讲机在安全护栏外侧监护，避免智能机器人出现碰撞损伤，手动操作后转为自动操作前必须确认智能机器人处于安全位置。

（6）智能机器人黄色动作执行灯亮时，非紧急情况必须要等到黄色动作执行灯灭后再进行其它操作，如果动作执行被中断，必须按复位按钮，并视不同情况进行相应安全手动处理后，方可转为自动操作。

（7）正常生产情况下电石炉开眼必须使用烧穿器开眼，在电石流出后使用钢钎带动使电石正常流出。当出现夹钎子现象时，必须先浅后深快速带钎，避免钢钎熔断。

（8）在出炉操作完成后，操作人员必须对炉眼进行彻底维护，为下次出炉做好准备工作。

（9）使用智能机器人开眼时尽量使用烧穿器将炉眼烧开，严禁强开炉眼。

（10）需要更换工具时先点击进入系统参数设置，将速度比率设置为 15r/min，然后进行拆工具作业：

① 点击触摸屏拆工具作业，点击欲操作工具编号下放白框，输入需要更换的工具编号。

② 长按放入拆工具位 3s，智能机器人自动运行将需要更换的工具放入拆工具位。

③ 工具更换或修复完毕后，长按"放回原位置"3s，智能机器人自动运行将工具放回原位置。

④ 烧穿器拆卸方法：自动运行取烧穿器到位后，将碳棒、母线电缆拆卸，拆卸后进入拆卸工具画面进行 1 号工具拆卸功能将烧穿器自动拆卸至拆卸工具位置；更换完毕后，自动运行状态下，在拆卸画面内将烧穿器从拆卸工具位放回炉眼方向放工具准备位，将母线电缆安装后放回烧穿器即可。

8.10.4 出炉后工具校点

出完炉对存在问题的工具进行校点，校点操作：

（1）先自动抓取需要校点的工具，待智能机器人自动到位后点击停止按钮。

（2）点击进入手动操作界面，将各轴手动操作速度改为

10～20r/min，根据现场指挥人员提示进行微调操作，待1～5轴位置调整合适后，6轴伸出至力矩70%～80%为宜，长按工具夹关3s，看工具夹关位是否有信号，有信号表示校点成功，点击触摸屏左上角返回。

（3）点击进入示教操作，长按相应的工具位编号2s，点击确认，保存两次。保存完毕后点击触摸屏左上角返回。

（4）进入手动操作界面，长按工具夹开3s，待工具夹开位有信号后，6轴手动缩回至6轴安全位。

8.10.5 其它注意事项

（1）出炉过程中如果有热电石渣喷到坦克链轨道或者设备本体时，操作人员在确认安全的情况下第一时间清理干净热电石，防止热电石烧损电缆线或者控制线。

（2）出炉过程中不需要智能机器人参与的时候，必须将智能机器人回到系统零位。智能机器人长时间不进行出炉作业的时候，拍下现场急停并挂牌。

（3）设备检修先进行断电，然后在操作台和现场急停按钮盒上挂上检修牌才可检修。

（4）带钎过程中钎子卡在炉眼时，首先手动打开拉钎模式，再使用大车拉出。如果执行以上操作后还不能拉出，则需要割断钎子或者拆开钎子与钎杆连接法兰。

8.11 智能料面机安全操作规程

8.11.1 开机

将捣炉机取电航空插头与就近充电桩上的插座连接并打开送电开关，然后打开遥控器。

8.11.2 具体操作方法

（1）行走、定位和连接电源

操作人员控制机器人行走至炉口前2m以外的距离时，控制机器人停止行走，另一名工作人员手动开启炉门，然后操作人员控制机器人正对炉口向前行驶机器人。当位于机器人前下方的撞架撞击到炉门前的台阶时，操作人员控制机器人四周的支腿组件伸出，将机器人整体支撑定位。

（2）翻捣和退出

操作人员通过控制机器人进行旋转、俯仰和伸缩的动作对炉内料面进行疏松、破壳和耙平，并疏通下料口物料，使炉内布料均匀，扩大反应区，消除悬料，捣碎熔渣，减少结壳和料面喷火，增加透气性。翻捣结束后，操作人员控制机器人将 4 个支撑油缸收回，并行走至炉口前 2m 以外的距离，然后由另一名工作人员手动关闭该炉口的炉门。

（3）顺次翻捣和回位

操作人员控制机器人对下一个炉门进行上述（1）和（2）的操作。当所有需要翻捣的炉口都处理完成之后，操作人员执行 8.11.3 的操作，完成一次捣炉循环。

8.11.3　停机

钎杆俯仰角度为 10°、左右旋转角度为 0°、伸缩位置为 0mm、位于机器人四周的 4 个支腿组件全部收回（否则操作人员须控制机器人调整到此姿态）。将设备停至指定位置。

8.11.4　特殊情况处理

在捣炉过程中，若遇故障致使钎杆伸入料面无法缩回、俯仰角度过大、支腿组件无法收回等，可按照下述说明，将机器人复位至可通过人力将其从炉口处脱离的姿态，从而防止钎杆被炉内高温损坏或者炉门无法关闭。

（1）打开泄油阀 1 和泄油阀 2，4 个支腿组件将在机器人重力的作用下缩回。

（2）首先卸下 4 个五星把手，然后卸下活门，将可以看到泄油阀 3 和泄油阀 4 为俯仰油缸卸荷阀、泄油阀 5 和泄油阀 6 为伸缩油缸卸荷阀。将泄油阀 3、4、5、6 打开，将丝杠组件安装在机器人本体上，左手握住钢管，右手握住手柄并顺时针旋转丝杠。钎杆会随着手柄的旋转缩回，俯仰油缸也会在重力的作用下收回。工作人员可将机器人从炉口推出或者拉出，然后关闭炉门。

第9章　PLC技术在内燃式电石炉中的应用

9.1　PLC控制系统简介

　　PLC系统（Programmable Logic Controller，可编程逻辑控制系统）是随着现代大型工业生产自动化的不断兴起和过程控制要求的日益复杂应运而生的综合控制系统，它是计算机技术、系统控制技术、网络通信技术和多媒体技术相结合的产物，可提供窗口友好的人机界面和强大的通讯功能，是完成过程控制、过程管理的现代化设备。

　　系统的主要技术概述如下。

　　系统主要由现场控制站（I/O站）、数据通信系统、人机接口单元（操作员站OPR、工程师站ENG）、机柜、电源等组成。系统具备开放的体系结构，可以提供多层开放数据接口。

　　硬件系统在恶劣的工业现场具有高度的可靠性、维修方便、工艺先进。底层汉化的软件平台具备强大的处理功能，并提供方便的组态复杂控制系统的能力与用户自主开发专用高级控制算法的支持能力；易于组态，易于使用。支持多种现场总线标准，以便适应未来的扩充需要。

　　系统的设计采用合适的冗余配置和自诊断功能，具有高度的可靠性。系统内任一组件发生故障，均不会影响整个系统的工作。

　　系统的参数、报警、自诊断及其它管理功能高度集中在电脑上显示和在打印机上打印。

系统的网络结构具有可靠性、开放性及先进性。在系统操作层，采用冗余的 100Mbps 以太网；在控制层，采用冗余的 100Mbps 工业以太网，保证系统的可靠性；在现场信号处理层，PROFIBUS 总线连接中央控制单元和各现场信号处理模块。

系统采用开放并且可靠的 WINDOWS 操作系统、标准的控制组态软件，可以实现任何监测、控制要求。

系统具有可扩展性和可裁剪性，可保证整个控制的经济性。

9.2 PLC 控制方案简介

电石生产系统采用 PLC 控制技术可以对碳素原料的干燥、碳素原料配料及输送、电炉炉料配料及加料、电极压放、电极升降、循环水温度监测、炉气除尘处理系统实现远程控制。

上述每个板块的操作主要包含手动/自动选择、参数设置、重要联锁开关的投入/切除以及紧急情况的处理等。

PLC 系统主要设备有操作站、工程师站、主控柜、辅助柜、组态软件、打印机、音响和 UPS 电源等。

9.2.1 干燥碳素原料

自动检测来自沸腾炉热风的温度数据，并输入 PLC 系统（同时在现场显示）；PLC 按照工艺设定的热风温度自动调节热风进风口的配风阀，控制进入回转烘干窑的热风量，达到碳素原料脱水的要求。

9.2.2 碳素原料的配料

（1）手动配料

输送岗位的操作人员在现场设置焦炭、白煤等碳素原料的配比参数，同时将控制方式切换到"就地控制"，启动焦炭、白煤等碳素原料的输送设备后，再启动对应的称重皮带秤，并设置称重皮带秤的输送流量，将碳素原料输送至电炉工序的碳素原料储仓。

（2）自动配料

由 PLC 操作人员在控制面板上选择要加料的碳素原料储仓或由 PLC 系统自动识别需要加料的碳素原料仓，在控制面板上设置焦炭、白煤碳素原料的比例，自动计算输送总量，PLC 按顺序和延时启动输送系统，并根据碳素称量皮带的瞬时流量实时自动调节各种碳素原料之间的比例，输送完成后按顺序和延时自动停止输送系统。输送过程中任一台输送设备出现故障信号时，PLC 自动立即停止该设备前的所有输送设备，顺序延时停止该设备后的输送设备。碳素原料输送量实现累计记录。

系统自动加料的过程中若出现故障或其它意外情况，可点击"急停"按钮来停止所有的输送设备。程序发生故障进行处理后，点击复位程序，又可重新使用。

9.2.3　炉料的配料

9.2.3.1　自动配料

根据生产技术负责人下达的炉料配比指令，在 PLC 控制屏设定炉料配比和石灰碳素重量即可完成炉料配比作业，配比的上下限可按照需要调整。

例如 PLC 操作人员在控制屏上单击石灰键设定下面的重量，输入要加入的石灰重量数据后，回车确认；再设定碳素的重量或与石灰的比例，按下启动按钮，即完成配料。

另外，在电炉需要添加副石灰时，也可以在 PLC 控制屏上设置石灰重量，单独加石灰。

9.2.3.2　人工配料

在生产现场设有就地控制按钮，炉面操作人员现场启动石灰或碳素原料的下料阀和振动给料机分别称量，按照规定的炉料配比进行人工配料。

9.2.4 电炉加料

9.2.4.1 加料方式

（1）自动加料

PLC 系统在自动配料完成后，根据电炉炉面加料人员加料指令，由主控操作人员启动加料程序，完成电炉加料。

（2）手动加料

将控制方式由自动切换到手动，炉面操作人员可在现场手动设定炉前加料箱上的配料量，完成配料作业。比如要加入 300kg 石灰和 200kg 碳素，先启动石灰的配料电机，然后选择快加，观察计量斗的重量显示变化，当石灰计量斗重量接近 300kg 时切换到慢加，加到 300kg 时关闭石灰配料电机。

碳素原料的计量操作与石灰类似。

当两个计量斗都加满量之后，设置石灰的振动电机频率，比如石灰仓的振动电机频率设置为 20%，则碳素的频率应设为约 8%左右（参数根据实际需要可进行调整，以达到最佳的混料效果），这时先开启下料阀，再开启混合给料机，最后开石灰和碳素仓的振动电机。等计量斗的料加完后，关闭振动电机，然后延时关闭混合给料机以及下料阀。

要注意的是 PLC 控制始终以手动为优先级。

（3）紧急加料

在电石生产环节中，有时炉面会出现急需用料的情况，在现场设置了紧急加料开关。启动紧急加料开关，PLC 会启动 4 个振动给料电机，振动给料机将以 50%的频率振荡，混合给料机和下料阀会自动打开，进行紧急加料。

9.2.4.2 加料和配料控制的设置

配料和配料的监控主要分为 2 个部分：第一部分为配料参数设置及控制，可按电炉生产要求设置碳素和石灰的配比、石灰重量以及碳素重量，同时采用手动和自动的切换、紧急停止等组态画面的按钮控制；第二部分为料仓及电机控制，设置料仓的重量、电机的振荡频率和累积量及清零等。

9.2.5　电极的控制

9.2.5.1　控制方式

采用液压装置来实现对电炉电极的控制。电炉电极的控制分为电极升降、电极压放、电极上拔和液压油泵启停。控制方式可根据实际需要进行手动和自动的自由切换。要注意的是 PLC 控制始终以手动为优先。

9.2.5.2　电极升降

在电石生产中，电极自动升降控制包括恒电流、恒流压比以及恒功率控制等 3 种控制方式。即通过对电流值、流压比值以及恒功率与控制误差的设定进行 PLC 自动调节。

电极升降控制的 3 种控制方式中，最为常用的是恒电流的控制方式。其它两种控制方式与恒电流控制方式类似。

（1）恒电流自动控制

第一步：设定恒定电流值，在控制屏上输入设定的电流值和电流正负调节误差范围。

第二步：先手动控制电流在设定的误差范围内，然后切换到自动控制。电极升降的电流调节范围是以工艺要求和电极自动调节频繁度来决定的。

（2）恒电流手动控制

恒电流的手动控制方式可采用对电极电流进行组态画面的手动升和手动降来控制，或者采用操作员站的电极升降控制按钮来实现。其控制优先级高于恒电流的自动控制方式。

同时变压器挡位的升降也可以通过选择 PLC 控制屏和操作台上仪表进行控制。

9.2.5.3　电极自动压放或上拔

设定固定的 3 个不同高度的压放和上拔行程，来控制压放和上拔的长度，并且在压放时对带电压放电极进行全松和带电安全联锁，防止带电压放时出现电极把持器全松事故。

当自动压放出现故障时系统会自动报警，有灯光闪烁，并提示具体的故障原因。如发生压放超时、小力缸上行超时、小力缸位置不确定等故障时，程序会自动切换到手动，操作员需与现场人员联系，确认故障后，单击复位按钮，复位自动程序。

自动压放电极时，系统会保证不会有两个电极同时压放。但手动操作时操作员必须确保同一电炉只能有一个电极进行压放。

9.2.5.4　液压站工作方式

设两台液压泵互为联锁，当蓄能器油压低于低限时，PLC自动启动一台液压泵，液压泵向蓄能器供油，直至油压高于高限时，自动停止液压泵。当启动液压泵不成功则PLC系统自动启动备用液压泵。

9.2.6　炉气除尘器的控制

9.2.6.1　除尘器温度的控制

电炉炉气在经过空气冷却器冷却后，进入布袋除尘器收尘。为了保障布袋不会被烧坏，进入布袋除尘装置的炉气的温度控制在要求范围以内。因而对炉气设有温度联锁，当进入布袋除尘器的炉气温度过高时，可以调节空气冷却器配风阀开度，从而降低炉气温度。

9.2.6.2　清灰和卸灰的控制

对布袋除尘器的清灰和卸灰可设置两种操作方式：一是清灰和卸灰分开进行，二是同时进行。分开进行时清灰和卸灰要分别启动，操作时首先启动清灰，等所有布袋室清灰完成后再启动卸灰，所有布袋室依次开始卸灰。如果清灰和卸灰同时进行，只需点击启动按钮，当第一个布袋室清灰完成后就开始第一个布袋室卸灰，然后下一个布袋就开始清灰和卸灰，直至所有的布袋室清灰和卸灰完成。

布袋除尘器主要设有以下3个联锁控制：

第一个联锁控制为每个布袋室都设有一个投入和切除开关联锁。正常时这个开关为投入状态，当这个布袋室发生故障时将开关切换为切除，这样清灰卸灰时将会跳过该布袋室，而不影响其它布袋室的清灰和卸灰。

第二个联锁控制为埋刮板机与卸灰阀电机联锁。该联锁在正常情况下为投入状态，当埋刮板机发生故障时，将停止清灰卸灰和所有埋刮板机。

第三个联锁控制为卸灰阀与投入切换开关联锁。该联锁开关正常情况下为投入状态，当卸灰阀发生故障时会停止振荡器，同时停正吹阀、反吸阀，使局部布袋仓室发生的问题不至于影响整个布袋除尘器的清灰和卸灰作业的正常进行。

9.2.7　循环水水温监控

对循环水水泵进出口温度及电炉变压器冷却水温的检测数据进行集中显示，同时设定水温报警上下限值。当检测水温温度超过设定上限值时，通知现场操作人员现场调节阀门，使水温保持在要求的范围以内，保证电炉重要设备的安全稳定运行。

9.3　系统安全注意事项

（1）系统的开启与停止、操作人员口令等系统维护工作由专职维护人员完成，未经授权操作人员不得进行此操作。

（2）操作站计算机、键盘和鼠标为专用设备，严禁挪用。为保证系统正常运行，不许在操作站计算机上运行任何其它非 PLC 系统所提供的软件，否则将可能造成严重后果。

（3）系统供电用的 UPS 为 PLC 系统专用设备，只能用于系统的各操作站和控制站供电，不能用于其它用途。

（4）系统对操作人员主要规定了 5 种权限，规定如下。

① 观察 OBV：只能观察数据，不能作任何修改和操作；

② 操作员 OPR：本权限适用于 PLC 操作人员，可以进行合

分按钮开关、更改阀位输出和设定值等相关操作；

③ 操作员 OPR（＋）：本权限适用于 PLC 操作班长，可以进行所有操作，包括查询操作记录和进行报表打印等；

④ 工程师 ENG：本权限适用于工艺技术人员，可以修改控制系统的 P、I、D 参数，控制回路的正反作用和其它一些数据；

⑤ 特权 ADMIN：本权限适用于 PLC 系统维护人员，可以对系统进行维护，增加减少操作人员、工程师的用户名，改变操作人员、工程师权限和修改其口令，以及其它一些系统特殊功能。

（5）PLC 系统出现停电时，应立即将系统中投入自动控制的回路切到手动。当供电正常时，首先检查系统运行及系统数据是否正常，如果有异常现象，重新下传组态，并检查核对系统参数。一切正常后方可再次投入自动。

（6）系统启动运行上电顺序为控制站、显示器、操作站计算机；停机次序为控制站计算机、显示器、控制站。

（7）操作员口令维护：每台操作站上的操作员口令之间无任何关系，必须单独建立。口令是保证系统安全正常运行的前提，必须严格执行。操作站计算机是系统的重要组成部分，必须保持其正常运行和整洁。

（8）禁止越权操作，操作人员不得退出监控系统！不可越权修改有关参数，如 PID 参数和相应的其它参数等，以免引起不必要的问题。

（9）操作画面翻页时，不能太快，连续翻页间隔时间应在 1s 以上，否则系统画面不能及时更新，严重时将引起电脑死机。手自动切换时尽量确保无扰动切换。

（10）修改工艺参数时必须在输入确实无误时再按确认键，以免误操作造成危险或损失。

（11）工艺参数改动过大时应逐步接近，不能一次性做大的改动，造成控制失调或设备损坏。

（12）操作画面上的工艺数据如长时间没有变动，应及时报知维护人员。

9.4　系统异常情况处理

（1）PLC 操作界面数据不刷新（正常情况数据每秒刷新一次）、手自动切换无法操作等情况，应联系 PLC 维护人员进行维护，同时立即进行现场操作。

（2）变送器故障，自动控制过程应立即切回手动。

（3）阀门执行机构、回路输出卡件等出现故障时，应改为现场操作。

（4）PLC 系统回路输入卡件故障时，应把相应控制回路切回手动，并更换故障卡件，检查确认故障消除后方可再次投入自动。

（5）PLC 系统出现异常断电，应改为现场操作。重新上电后，要求工程师检查系统情况，检查回路参数等系统数据是否正常，确认各调节阀的开度。若有异常应重新下传组态，一切正常后方可再次投入自动。

PLC 控制技术在电石生产装置中的具体应用是需要根据生产工艺的要求、设备的特点、操作的便捷和经济投入等实际情况来制定控制方案的。本章所介绍的内容只是一个生产装置的实例，并不说明其唯一性。随着生产设备的优化、控制技术的发展，电石生产装置的自控水平也将会不断地改进、提高和进步。

第 10 章　检验分析安全操作

10.1　检验分析概述

检验分析主要分析电石生产使用的原材料石灰石、焦炭、兰炭、电极糊、石灰，进行岗位中间控制及产品质量检验。

10.2　检验流程简述

（1）原材料检验

所有进厂原材料经过原料车间初步目测验收，待卸车后通知化验分析人员取样分析，分析完毕后分析人员及时将分析结果报送至调度及相关部门。

（2）中间控制

对出炉的热电石进行取样检验，分析人员将分析结果电话告诉主控人员，电石车间主控人员及时做好记录，备查。

（3）产品电石检验

质检分析人员对冷却电石按标准进行取样检验，出具产品质量检验报告单，合格产品出具检验合格证。

10.3　原材料检测项目及频次

原材料检测项目及频次见表 10-1。

表 10-1　原材料检测项目及频次

原料名称	检测频次										
	氧化钙	全氧化钙	生过烧	固定碳	盐酸不溶物	粒度	全水	硫	分水	挥发分	灰分
石灰石	每周				每周	每周					
石灰	每批	每批	每批		每月	每批	随机				
焦炭、兰炭				每批		每批	每批	随机	每批	每批	每批
电极糊				每批	每车	每批	每批		每批	每批	每批
石灰球	每周	每周				每批					

10.4　仪器设备

主要仪器设备有乙炔发生器、标准量器、乙炔气体检测管、颚式破碎机、全密封式锤式破碎缩分机、电子天平、分析天平、电热恒温干燥箱、大气压力表、箱式电阻炉、密封式制样粉碎机。

10.5　岗位的安全操作

10.5.1　检验前准备工作

（1）正确穿戴个人劳动防护用品。

（2）所有在测的运转设备、电器设备、天平正常。

（3）所需要的化学试剂是否在有效期内，玻璃仪器完好。

（4）原始记录及办公用品齐全。

10.5.2　执行的标准

（1）石灰石检验方法按照 GB/T 15057.1—1994 ～ 15057.11—1994、Q/ZJT 0603.1—2014 标准执行。

（2）石灰检验方法按照 GB/T 15057.1—1994～15057.11—1994 标准执行。

（3）焦炭、兰炭工业分析方法按照 GB/T 2001—2013、SN/T 1083.2—2002、Q/ZIJ 0603.2—2014 标准执行。

（4）电极糊中灰分检验方法按照 GB/T 1429 标准执行。

（6）电极糊中挥发分检验方法按照 YB/T 5189 标准执行。

（7）石灰球检验方法按照 Q/ZJT 0603.1—2014 标准执行。

（8）电石检验方法按照 GB 10065 标准执行。

10.5.3　安全操作注意事项

（1）检查各个仪器设备电源开关等部位接线是否完好无损，保持手干燥；紧固件是否松动；严格按破碎机和固体样品粉碎机的操作规程进行操作，严禁戴手套进行破碎操作。

（2）注意酸、碱、粉尘刺激眼和呼吸道，腐蚀鼻中隔；皮肤和眼直接接触可引起灼伤；按规定佩戴耐酸碱手套、护目镜、防毒口罩等防护用品。

（3）使用电器时应注意电器的工作状态，当电器不能正常工作时，要及时进行处理和报告，并做好相应的记录。

（4）当班班长对使用的化学试剂每天进行检查，保证化学试剂在规定的有效期内，存放的一般化学试剂由指定人员负责管理，对于危险化学试剂应做好使用记录。

10.5.4　异常情况处理

（1）出现运转设备停止运行或有异常声音马上切断电源，同时及时通知检修人员到现场进行处理，做好维修记录登记。

（2）发现化学试剂超出有效期马上告知当班班长，同时重新配制药品并做好记录。

（3）现场物理分析发现质量异常时，分析人员立即通知中心负责人。

（4）当化学分析检测结果与日常分析结果出现较大偏差时，分析人员立即通知中心技术员，同时进行复检。

（5）供应商对分析结果有异议时，重新取样进行分析。

（6）当检测所用仪器设备出现异常情况，影响正常的分析工作时，分析人员应通知中心设备员进行维修，维修后进行检定，检定合格方可使用。

10.6　药品安全管理

（1）根据各类化学试剂的理化性质、危险性类别，按化学品安全技术说明书和安全标签要求，对化学试剂实行隔离、隔开、分离贮存，并设置明显标识，禁止将危险化学试剂与禁忌物品混合存放。

（2）存放化学试剂应避免阳光直射或靠近暖气等热源，要求避光的试剂应装于棕色瓶中或用黑纸或黑布包好存于试剂柜中。

（3）试剂柜（室）需设置明显标识，试剂瓶需有标签并保证完好清晰，无标签或标签无法辨认的应当成危险物品重新鉴别，不得随意丢弃。

（4）分析使用的易制毒品的化学试剂溶液由专人负责管理。

10.7　职业卫生

10.7.1　岗位特点

检验分析会接触各种化学试剂，要求检验分析人员掌握各种化学试剂具有的危险特性，除严格按照安全操作规程进行作业外，还应掌握防范措施和急救措施，应配备必要的应急救援器材。

10.7.2　防护措施

（1）加强个人劳动防护用品的穿戴。

（2）在接触有毒有害化学试剂时，应在通风橱内进行操作。

附录

附录 1　生产交接班管理制度

1. 交接班的基本要求

（1）交接班程序

接班者提前 15min 到岗检查→召开班前会→对口交接→交接班人员签字→交班者开班后会

（2）班前会程序

接班班长检查出勤→交班班长介绍当班生产情况及应注意的问题→接班班长落实各岗位检查情况→接班班组六大员讲话→车间记录指示→接班班长布置本班工作

（3）班后会程序

班长主持→各岗位汇报当班情况→班组六大员汇报当班情况→班长总结讲评→车间记录指示

（4）严格执行"三一""四到""十交""五不接"

"三一"是：对重要的生产部位要一点一点地交接；对重要生产数据要一个一个地交接；对主要的生产检测仪器和工具要一件一件地交接。

"四到"是：该看到的要看到；该摸到的要摸到；该去听到的要听到；该去闻到的要闻到。

"十交"是：交任务；交指标；交原料；交操作；交质量；交设备；交问题和经验；交工具；交安全和卫生；交记录。

"五不接"是：设备润滑不好不接；工具不全不接；操作情况交代不清不接；记录不全不接；卫生不好不接。

2.交接班的内容

（1）交生产：各项工艺运行指标的执行情况，核对原始记录的事项及数据是否真实、完整、清楚。

（2）交设备：设备的运转、故障处理及检修情况。

（3）交安全：劳动防护用具和设施、消防器材完整，故障或事故的处理正确。

（4）交指示：正确传达上级的有关指令及执行要求。

（5）交工具：工具的数量及使用情况。

（6）交卫生：设备擦拭干净、岗位整洁。

（7）交思想：学习的相关内容、思想动态、好人好事。

附录2 设备检修交付工作制度

1. 生产交付检修的程序

生产作业单元发生设备故障需要进行设备检修工作时，应按照检修管理制度的要求与检修作业人员进行相关的工作交接。

（1）生产操作人员在发现设备故障时，根据公司检修设备管理制度的规定，逐级向所在工序的负责人报告，由其向负责检修部门提交检修申请，经过审批，如实填写设备故障的现象、发生的时间、损害的情况、检修时间要求等；如果设备故障导致生产线全线停车，应该先向分管负责人报告，由其批准检修计划和进度。

（2）生产工序的负责人在提交检修报告之后，应当组织人员对生产现场进行必要的清理，采取安全防护措施，避免影响生产和检修工作的进行，防止检修过程中发生事故。

（3）在检修人员达到现场时，生产工序的负责人应与检修作业票上规定的检修负责人和现场监护人员进行工作交接，共同检查设备损坏的情况并记录，向其说明生产现场的安全注意事项等安全要求，同时填写交接记录，生产工序负责人与检修负责人确认后签字。

2. 检修交付生产的程序

检修人员按照检修任务单的要求完成检修工作后，应向生产人员进行交接工作。在交接工作进行之前，检修人员应做好相关的交接准备工作：

① 完成盲板抽堵情况的检查，并有相应的检查记录；

② 完成设备、管道的试压试漏工作，并有相应的记录；

③ 调校安全阀、检测仪表和联锁装置，并做好记录；

④ 完成设备清洗工作，并有相应的记录；

⑤ 设备、管道清洗后的检验分析报告；

⑥ 检查设备内有无遗漏的工器具和材料；

⑦ 已拆除检修使用的脚手架、临时电源、临时照明设备等；

⑧ 已恢复检修时拆移的盖板、箅子板、扶手、栏杆、防护罩等安全设施；

⑨ 已完成设备的单体或联动试车，并有试车记录；

⑩ 已清理检修过程中在生产现场产生的杂物、垃圾、油污等。

生产工序负责人对上述项目进行检查和确认后，与检修负责人在《设备检修作业票》上进行验收交接签字。同时注明此检修设备能恢复正常生产。

3.交接工作的要求

（1）有必要时，生产部门和安全管理部门的人员应参与交接和验收工作。

（2）生产交付检修的工作完成后，检修人员才可进行检修作业。

（3）检修交付生产的工作完成后，生产操作人员才可进入开车程序。

附录 3　电石生产岗位职业危害因素一览表

序号	岗位	可能接触的化学有害因素			可能接触的物理有害因素			备注
		名称	职业接触限值	可能导致的职业病	名称	职业接触限值	可能导致的职业病	
1	原料制备	煤尘（游离 SiO_2 <10%）	PC-TWA 总尘 4mg/m³ 呼尘 2.5mg/m³	煤工尘肺	噪声	≤85dB（A）	噪声聋	8h 等效声级
		石灰粉尘	PC-TWA 总尘 8mg/m³	其它尘肺				
		氧化钙	PC-TWA 2mg/m³	其它尘肺				
2	炉面加料	炉料粉尘	PC-TWA 总尘 8mg/m³	其它尘肺	高温	作业点平均 WBGT≥33℃	中暑	根据时间接触率一工作日实际接触高温作业时间与8h的比率和体力劳动强度分级来确定标准
		二氧化硫	PC-TWA 5mg/m³	二氧化硫中毒	噪声	≤85dB（A）	噪声聋	8h 等效声级
		二氧化氮	PC-TWA 5mg/m³	二氧化氮中毒				

续表

序号	岗位	可能接触的化学有害因素			可能接触的物理有害因素			备注
		名称	职业接触限值	可能导致的职业病	名称	职业接触限值	可能导致的职业病	
3	炉前	一氧化碳	PC-TWA 20mg/m³	一氧化碳中毒	高温	作业点平均 WBGT≥33℃	中暑	根据时间接触率—工作日实际接触高温作业时间与8h的比率的累计及劳动强度分级来确定标准
					噪声	≤85dB（A）	噪声聋	8h等效声级
4	冷破	电石粉尘	PC-TWA 总尘 8mg/m³	其它尘肺	高温	作业点平均 WBGT≥33℃	中暑	根据时间接触率—工作日实际接触高温作业时间与8h的比率的累计及劳动强度分级来确定标准
					噪声	≤85dB（A）	噪声聋	8h等效声级
5	电极糊	电极树脂粉尘	PC-TWA 总尘 8mg/m³	其它尘肺	噪声	≤85dB（A）	噪声聋	8h等效声级
6	炉气除尘	粉尘	PC-TWA 总尘 8mg/m³	其它尘肺	噪声	≤85dB（A）	噪声聋	8h等效声级
7	循环水				噪声	≤85dB（A）	噪声聋	8h等效声级
8	空压站				噪声	≤85dB（A）	噪声聋	8h等效声级

注：1. 职业危害因素的确定依据卫生部2002年3月颁布的《职业危害因素分类目录》。
2. 职业接触职业接触限值依据GBZ 2.1—2007《工作场所有害因素职业接触限值 第1部分：化学有害因素》和GBZ 2.2—2007《工作场所有害因素职业接触限值 第2部分：物理因素》。
3. 作业场所的职业危害因素应该由当地疾控中心进行检测确定。

附录 4　电石生产企业个人劳动防护用品的基本配备

工种	工作服	工作帽	工作鞋	手套	防寒服	雨衣	护目镜	防尘口罩	防毒护具	安全帽	安全带	护听器
原料破碎	√	√	fz	fj			cj			√		√
原料干燥	√	√	fz	fj				√		√		√
原料输送	√	√	fz	fj				√		√		√
炉前工	zr	√	fz	zr	√		hw		√	√		
主控	√	√	√	√						√		
除尘系统	√	√	fz	√				√		√		√
空压站	√	√	√	√						√		√
循环水	√	√	√	√	√	√				√		√
电工	√	√	jy	jy						√		
检验分析	sj	√	sj　fz	sj			√	√·		√		
检修	√	√	fz	fj				√		√	√	

注：1. 表中"√"表示必须配备该类劳防用品。字母代表劳保用品应有的防护性能。

2. 字母对照：jy—绝缘；zr—阻燃耐高温；fz—防砸（1～5 级）；cj—防冲击；sj—耐酸碱；hw—防红外；fj—防机械伤害；参照该标准附录 B 规定劳防用品的使用期限。

3. 本表根据 GB/T 11651—2008《个体防护装备选用规则》选用；企业可参照该标准第 7 条进行判废。

附录 5　生产岗位急救药品基本配备

序号	名称	单位	数量	备注
1	生理盐水	瓶	2	
2	消毒纱布	块	5	
3	烧烫伤药膏	支	2	
4	消炎药膏	支	2	
5	创可贴	张	10	
6	胶布	卷	2	
7	云南白药喷剂	支	2	
8	无极膏	支	2	
9	棉签	包	2	
10	解暑药		若干	根据季节配备